Thomas Geike

Rechenbuch Fluidtechnik

mit Mathcad, SMath Studio und Python

Bibliografische Information der Deutschen Nationalbibliothek
Die Deutsche Nationalbibliothek verzeichnet diese Publikation in der
Deutschen Nationalbibliografie; detaillierte bibliografische Daten sind
im Internet über dnb.dnb.de abrufbar.

Herstellung und Verlag:
BoD – Books on Demand, Norderstedt

ISBN: 978-3-7526-2970-5

Vorwort

Das vorliegende Rechenbuch ist auf den Wunsch vieler Studierender entstanden, alte Klausuraufgaben mit Lösungen zur vorlesungsbegleitenden Übung und als Klausurtraining zur Verfügung zu haben.

Dem Autor ist es wichtig, dass Studierende den Umgang mit Berechnungssoftware, seien es mathematische Notizbücher wie SMath Studio oder Programmiersprachen wie Python, an konkreten Anwendungsaufgaben üben. Um das Interesse an solcher Software wachzuhalten oder zu wecken sind alle Aufgaben in diesem Rechenbuch unter Nutzung von geeigneter Berechnungssoftware gelöst.
Neben den Klausuraufgaben gibt es ausgewählte weitere Aufgaben, die die Anwendung von SMath Studio und Python auf Fragestellungen der Hydraulik und Pneumatik illustrieren. Insbesondere gibt es drei Aufgaben zur Erstellung kleiner Berechnungstools, wie sie in der Praxis häufig zu erarbeiten sind.

Möge das vorliegende Buch Ihnen helfen! Bei der Bewältigung der Hydraulik und Pneumatik und bei der Nutzung von Berechnungssoftware.

Inhaltsverzeichnis

1 Einleitung

1.1 Gegenstand des Fachgebietes und Lernziel

Der Gegenstand des Fachgebietes „Hydraulik und Pneumatik" (alternativ Fluidtechnik) sind Antriebe und Steuerungen, die zur Leistungs- und/oder Informationsübertragung Druckflüssigkeiten bzw. Druckluft benutzen.

Der Autor führt Lehrveranstaltungen zur Hydraulik und Pneumatik zusammen mit einem Kollegen in verschiedenen Bachelor-Studiengängen durch. Im Studiengang Maschinenbau ist die Lehrveranstaltung im 5. Semester verankert. Grundlagen der Technischen Mechanik und Thermodynamik sind zu diesem Zeitpunkt bekannt, ebenso die Hydrostatik und die Bernoulli-Gleichung (ohne Verluste). Parallel belegen die meisten Studierenden eine Lehrveranstaltung zur Strömungslehre. Die Lehrveranstaltung teilt sich in 2 SWS Seminaristischer Unterricht und 2 SWS Laborübung und hat das folgende Lernziel.

> **Lernziel** Am Ende der Lehrveranstaltung „Hydraulik und Pneumatik" haben Sie grundlegende Fähigkeiten für das Entwerfen und Berechnen von hydraulischen und pneumatischen Systemen für Antriebs- und Steuerungsaufgaben gewonnen. Zudem haben Sie Ihre Kenntnisse und Fertigkeiten in den Fachgebieten Mechanik und Thermodynamik am Beispiel von hydraulischen und pneumatischen Systemen aufgefrischt und vertieft.

Den einzelnen Aufgaben in diesem Buch sind Lerninhalte zugeordnet. Die Lerninhalte sind den drei Kategorien Grundlagen, Komponenten/Systeme und Programmieren zugeordnet. Da es sich um ein Rechen- bzw. Übungsbuch handelt, ergibt sich das den Lerninhalten zugeordnete Lernziel in der Regel durch Hinzufügen eines der Verben „üben" oder „vertiefen".
Der Autor führt den Seminaristischen Unterricht mit der Inverted Classroom (IC) Methode durch. Dabei erarbeiten sich die Studierenden die Theorieinhalte vorab mittels Lehrbüchern. Unsere Studierenden nutzen vor allem die Bücher von Bauer [1] und Grollius [2, 3].
Zudem stehen für die Erarbeitung typischer Rechenaufgaben eine Vielzahl von Screencasts zur Verfügung. Die Themen sind auf die Wochen wie gezeigt verteilt. Die mit IC gekennzeichneten Wochen setzen eine Vorbereitung der Studierenden voraus.

Nr.	Themen
1	Organisatorisches, Ziel und Gegenstand der Lehrveranstaltung
2	Komponenten, Schaltzeichen, Schaltungen (pneumatische und hydraulische Systeme)
3	Schaltungen (u. a. Signalüberschneidung)
4	IC | Pumpen, hydraulische Leistung, volumetrischer und hydraulisch-mechanischer Wirkungsgrad, Bernoulli-Gleichung (stationär)
5	IC | Antriebe für Drehbewegungen (Hydromotoren), hydraulische Leistung, Nutzleistung, Wirkungsgrade, Berechnung hydrostatischer Getriebe
6	IC | Antriebe für geradlinige Bewegungen (Zylinder), Grundlagen der Hydrostatik, statische und dynamische Kräfte an der Kolbenstange, hydraulisch-mechanischer Wirkungsgrad
7	IC | Ventile, Verluste in Rohrleitungen und Einbauten (Erweiterung der Bernoulli-Gleichung für verlustbehaftete Strömungen)
8	IC | Druckflüssigkeiten: Arten, Bezeichnungsweisen, Eigenschaften, Anwendungsfelder, hydraulische Kapazität, Einfluss der Kompressibilität auf das dynamische Verhalten hydraulischer Systeme
9	IC | Ausblick: Ventil- und Pumpensteuerung (u. a. Load Sensing), Regelung und Simulation hydraulischer System
10	Hydraulik: Wiederholung und Vertiefung
11	IC | Verdichter, ideales Gas, Zustandsänderungen
12	IC | Pneumatische Systeme, Berechnung von Druckverlusten in Rohrleitungen
13	IC | Feuchte Luft
14+	Anwendungen, Wiederholung, Klausurvorbereitung

1.2 Anmerkungen zur verwendeten Software

Dieses Buch nutzt Berechnungsprogramme für die Lösung von Aufgaben der Hydraulik und Pneumatik. Obgleich die heutigen Studierenden häufig als „Digital Natives" bezeichnet werden, erfolgt die Verwendung von Computern für Berechnungen in den physikalischen Grundlagenfächern oder in den konstruktiven Fächern häufig nur bei deutlichem Anstoß durch die Lehrenden. Das ist bedauerlich, denn der sichere Umgang mit Berechnungsprogrammen ist für die spätere Berufspraxis wichtig. Nicht umsonst trifft man immer wieder auf die Aussagen „Programmieren ist das neue Latein" oder „Coding ist das neue Latein". Zudem bleibt mehr Zeit für kreative Aufgaben, wenn z. B. in den konstruktiven Fächern nicht alles von Hand mit dem Taschenrechner gerechnet wird. Jede konstruktive Änderung oder Parameterstudie wird zur Qual, wenn die Berechnungen ohne Computer durchzuführen sind.

Die beiden „mathematischen Notizbücher" SMath Studio und PTC Mathcad[1] sind weitestgehend selbsterklärend und können ohne weitere Einführung benutzt werden. SMath Studio ist kostenfrei und wird vom Autor unter Windows 7 und Windows 10 sowie unter Ubuntu 16.04 LTS in der Version 0.99 (build 7030) genutzt. Zudem ist eine Cloud-Version von SMath Studio verfügbar. Zur Einarbeitung in SMath Studio bietet sich das Skript von Martin Kraska *SMath Studio mit Maxima – Einführung und Referenz* an.

Mathcad Prime ist eine kommerzielle Software der Firma PTC, die prinzipiell kostenpflichtig ist. Mathcad Prime Express ist eine kostenfreie Version, die viele der hier benötigten Funktionalitäten enthält. In einigen Aufgaben werden Elemente der Programmierung (`for`- bzw. `while`-Schleifen, `if`-Abfragen etc.) benötigt. In der Express-Version fehlen diese Programmierelemente. Darüber hinaus fehlen u.a. symbolische Berechnungen und das Lösen von gewöhnlichen Differentialgleichungen.

Python ist eine im naturwissenschaftlich-technischen Bereich weit verbreitete Programmiersprache mit einem sehr großen Angebot an Bibliotheken. Die Nutzung der Programmiersprache Python setzt Mindestkenntnisse im Erstellen und Testen von Programmen voraus. Diese Grundkenntnisse kann das vorliegende Rechenbuch nicht vermitteln. Insofern ersetzt es keinen Kurs und kein Buch zum Programmieren. Wer jedoch bereits das Programmieren erlernt hat, wird sich schnell in Python zurechtfinden.

Teilweise werden heute in der Praxis Berechnungsaufgaben mit Tabellenkalkulationsprogrammen durchgeführt. Aus Qualitätssicherungsgründen ist das kritisch zu hinterfragen. In einer Tabellenkalkulation sind die hinterlegten Berechnungsformel meist nur mit erheblichem Aufwand zu prüfen. Insbesondere ist in der fertigen (gedruckten) Lösung der tatsächliche Berechnungsweg nicht sichtbar. Zudem kann nach meinem Kenntnisstand nicht mit Einheiten gerechnet werden.

Tastaturbefehle und Anmerkungen zu SMath Studio

Das Arbeiten mit SMath Studio gelingt durch die Beherrschung einiger Tastaturbefehle bequemer und schneller. Daher ist im folgenden eine Auswahl an Tastaturbefehlen angegeben. Tastaturbefehle, die in nahezu allen Anwendungen verwendet werden (z.B. ctrl + A alles markieren, ctrl + C kopieren) sind nicht explizit erwähnt. Zudem werden ausgewählte Hinweise zur Verwendung von SMath Studio gegeben.

---

[1]PTC, PTC logo and all PTC product names and logos are trademarks or registered trademarks of Parametric Technology Corporation.

Tasten	Symbol	Funktion
⇧ + .	:	Zuweisung einfügen
⇧ + 2	"	Textfeld einfügen
⇧ + return		Neue Zeilen in Textfeld beginnen
ctrl + B		Textfeld auf Fettdruck umstellen
ctrl + I		Textfeld auf Kursivdruck umstellen
⇧ + #	'	Einheit einfügen
Alt Gr + ß	\	Wurzel einfügen
.	.	Namens- bzw. Textindex einfügen
Alt Gr + 8	[	Elementindex einer Spaltenmatrix einfügen
ctrl + M		Matrix einfügen
Alt Gr + 9	]	Einfügen einer senkrechten Linie (Codeblock)
Alt Gr + Q	@	Einfügen eines Diagramms (2D)
ctrl + G		Umwandeln in griechischen Buchstaben
F9		Dokument neu berechnen

In der Tabelle werden zwei verschiedene Typen von Indizes erwähnt. Der mit einem Punkt $\boxed{.}$ erzeugte Index ist ein tiefgestellter Namenszusatz (Namens- oder Textindex). Der Namenszusatz hilft, die gewünschten Variablen aussagekräftig zu bezeichnen. Beispiele sind p_0, F_A, σ_{zul}.

Der mit $\boxed{\text{Alt Gr}} + \boxed{8}$ erzeugte Index ist der Elementindex einer Spaltenmatrix, d. h. q_1 ist der erste Eintrag in der Spaltenmatrix q. In q_j muss j dementsprechend eine positive ganze Zahl sein. Bei genauerem Hinsehen werden Sie feststellen, dass Elementindizes in SMath Studio tiefer und weiter entfernt stehen als Namensindizes.

a	α	i	ι	r	ρ
b	β	k	κ	s	σ
c	χ	l	λ	t	τ
d	δ	m	μ	u	υ
e	ϵ	n	ν	v	ϖ
f	ϕ	o	o	w	ω
j	φ	p	π	x	ξ
g	γ	q	θ	y	ψ
h	η	J	ϑ	z	ζ

Die nebenstehende Zuordnung der lateinischen zu den griechischen Buchstaben ist in SMath Studio hinterlegt. In der Tabelle sind die Buchstaben nicht streng alphabetisch hinterlegt, sondern j und J sind verschoben, so dass ϕ und φ sowie θ und ϑ zusammenstehen.

Insbesondere bei der Programmierung von Schleifen werden Blöcke zusammengehöriger Befehle benötigt. In SMath Studio sind diese Blöcke durch eine vertikale schwarze Linie zu erkennen. Der Block wird mittels $\boxed{\text{Alt Gr}} + \boxed{9}$ erzeugt und hat standardmäßig zwei Zeilen. Wenn in einem Block mehr als zwei Zeilen benötigt werden, können zusätzliche Zeilen wie folgt generiert werden.

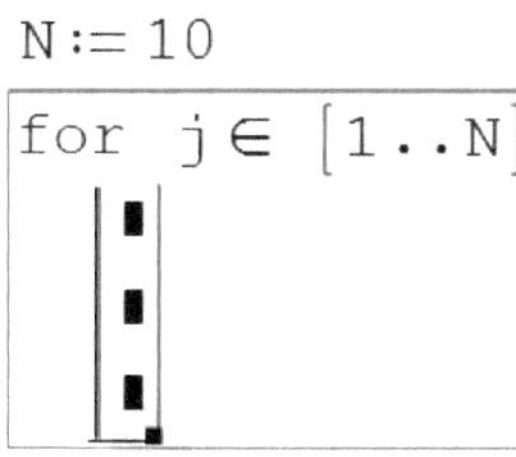

$$N := 10$$

1. Markiere die senkrechte Linie.

2. Ziehe mit der Maus am unteren schwarzen Kästchen (hier markiert), bis die gewünschte Zeilenzahl erreicht ist.

Eine Spaltenmatrix mit äquidistant verteilten Werten, z. B. in $j \in [1..N]$, wird über den Befehl `range` oder über den Block Matrices eingegeben.

Wenn Sie einen Befehl schreiben, lohnt es sich die Vorschläge von SMath Studio im Blick zu behalten. Meist muss nicht der komplette Befehl ausgeschrieben werden, sondern es kann aus dem Auswahlmenü der gewünschte Befehl ausgewählt werden. Bei einigen Befehlen oder Elementen (z. B. `roots`, `for`, `diff`) gibt es Befehlsvarianten mit unterschiedlicher Anzahl an Parametern. Lesen Sie die Hilfetexte und entscheiden Sie dann, welche Variante die geeignete ist.

Der grafischen Darstellung von Daten in Diagrammen sind in SMath Studio enge Grenzen gesetzt. Daher bietet es sich an, Berechnungsergebnisse zu exportieren und die Datenvisualisierung mit einem anderen Tool vorzunehmen, z. B. Python (mit der Bibliothek `matplotlib`), R oder gnuplot.

Anmerkungen Mathcad

Im Programm findet sich im Bereich Ressourcen eine umfangreiche Übersicht über Tastaturbefehle in Mathcad. Sie werden feststellen, dass einige der Tastaturbefehle von denen in SMath Studio abweichen. Zwei besonders relevante Unterschiede sind die Befehle ctrl + - für die Erzeugung eines Namensindex und ctrl + U für die Umwandlung einer zuvor eingegebenen Buchstabenkombination in eine Einheit.

1.3 Wegweiser durch das Buch

Das vorliegende Rechenbuch enthält Klausuraufgaben aus drei Jahren und eine kleine Auswahl weiterer Berechnungsaufgaben. Letztere umfassen meist einleitende Worte zu den theoretischen Grundlagen.

Die Zuordnung der Themen zu Kapiteln folgt aus der oben genannten Reihenfolge der Themen im Seminaristischen Unterricht. Insbesondere unterscheidet sich die Reihenfolge von den meisten Lehrbüchern dadurch, das die physikalischen Grundlagen nicht vorab in einem Kapitel abgehandelt werden, sondern über das Semester verteilt an geeigneten Stellen „eingestreut" sind.

Die Aufgabenzuordnung zu den Kapitel erfolgt im allgemeinen nach dem Hauptthema. Insbesondere bei alten Klausuraufgaben sind meist auch andere Themen mit berücksichtigt. Wenn die Aufgaben vorlesungsbegleitend gerechnet werden, muss man sich auf

Basis der Lerninhalte vorab orientieren, welche Aufgabenteile ggf. noch zu „parken" sind.

Die Fragestellungen muten in einigen Fällen möglicherweise „komisch" an. Die Klausuraufgaben sind, im Interesse der Studierenden, so gestellt, dass möglichst viele Aufgabenteile unabhängig voneinander bearbeitet werden können.

Ich hoffe, dass beim Umarbeiten der alten Klausuren in dieses Buch möglichst wenige Fehler entstanden sind[2]. Bitte teilen Sie mir entdeckte Fehler mit. Falls Sie in einem unserer Kurse sind, dann am einfachsten über das Forum im Lernmanagementsystem, andernfalls über die Emailadresse `tm-vorlesung@gmx.de`.

Tipp: Nutzen Sie bei der Erarbeitung oder Vertiefung des Stoffes die Informationen im Internet. Es gibt viele gute Videos und Animationen, z. B. zur Funktionsweise von Pumpen, Motoren oder Ventilen, die erheblich zum Verständnis der Inhalte beitragen können.

---

[2]Die Aufgabenstellungen und Lösungen sind über Jahre im Rahmen der Klausurvorbereitung entstanden. Eine Veröffentlichung in einem Buch war nie geplant. Da der Umarbeitungsaufwand minimal gehalten werden sollte, sind die Bezeichnungen nicht durchgängig konsistent. Der Leser möge dies verzeihen.

2 Formelsammlung

In unseren Klausuren zur Hydraulik und Pneumatik ist als Hilfsmittel nur die unten stehende Formelsammlung erlaubt, die sich bei entsprechender Formatierung bequem auf ein A4-Blatt drucken lässt. In der Formelsammlung für die Klausur sind keine Erläuterungen zu den Symbolen enthalten. Für das vorliegende Buch sind punktuell Erläuterungen ergänzt. Meist sollte die Bedeutung der Formelzeichen aber aus dem Kontext klar werden. In der Mechanik sind Kräfte mit F, Geschwindigkeiten mit v, Beschleunigungen mit a und Winkelgeschwindigkeiten mit ω bezeichnet. In der Thermodynamik bezeichnen p Drücke, T Temperaturen und V Volumina. In weiten Teilen orientieren sich die Bezeichnungen an den Büchern von Grollius [2, 3].

2.1 Grundlagen

Technische Mechanik

Kräftegleichung, Massenmittelpunkt S

$$\underline{F}_\mathrm{R} = m\underline{a}_\mathrm{S} \tag{2.1}$$

Leistung einer Einzelkraft $\underline{F}_\mathrm{A}$

$$P = \underline{F}_\mathrm{A} \cdot \underline{v}_\mathrm{A} \tag{2.2}$$

Kinetische Energie (ebene Starrkörperbewegung, J_S Massenträgheitsmoment bzgl. S)

$$E_\mathrm{kin} = \frac{1}{2}m\underline{v}^2 + \frac{1}{2}J_\mathrm{S}\omega^2 \tag{2.3}$$

Bilanz der kinetischen Energie (P_e Leistung der äußeren Kräfte und Kraftmomente, P_i Deformationsleistung)

$$\dot{E}_\mathrm{kin} = P_\mathrm{e} - P_\mathrm{i} \tag{2.4}$$

Federkraft und potentielle Energie (linear, c Federsteifigkeit)

$$F_\mathrm{Feder} = c\Delta l\,, \quad E_\mathrm{pot} = \frac{1}{2}c\Delta l^2 \tag{2.5}$$

Kritische Knickkraft (Eulersche Fälle; l_K Knicklänge)

$$F_\mathrm{krit} = \frac{\pi^2 EI}{l_\mathrm{K}^2} \tag{2.6}$$

Flächenträgheitsmoment für Kreisquerschnitt

$$I = I_y = I_z = \frac{\pi}{64}d^4 \tag{2.7}$$

Thermodynamik

1. Hauptsatz für abgeschlossene Systeme (P_e Leistung der äußeren Kräfte und Kraftmomente, P_i Deformationsleistung, P_q Wärmeleistung)

$$\dot{U} + \dot{E}_\mathrm{kin} = P_\mathrm{e} + P_\mathrm{q} \tag{2.8}$$

$$\dot{U} = P_\mathrm{i} + P_\mathrm{q} \tag{2.9}$$

Thermische Zustandsgleichung des idealen Gases

$$pV = mR_\mathrm{spezifisch}T \tag{2.10}$$

Spezifische Gaskonstante von Luft $R_\mathrm{L} \approx 287\,\mathrm{J\,kg^{-1}\,K^{-1}}$, von Wasserdampf $R_\mathrm{W} \approx 461{,}4\,\mathrm{J\,kg^{-1}\,K^{-1}}$

Adiabate Zustandsänderung (sinngemäß übertragbar auf andere Zustandsänderungen durch Anpassung des Exponenten)

$$pV^\kappa = \mathrm{const} \tag{2.11}$$

$$TV^{\kappa-1} = \mathrm{const} \tag{2.12}$$

$$p^{\frac{\kappa-1}{\kappa}}/T = \mathrm{const} \tag{2.13}$$

Spezifische Volumenänderungsarbeit bei adiabater Zustandsänderung

$$w_\mathrm{v12} = \frac{1}{\kappa - 1}\left(p_2 v_2 - p_1 v_1\right) \tag{2.14}$$

$$= \frac{p_1 v_1}{\kappa - 1}\left[\left(\frac{p_2}{p_1}\right)^{\frac{\kappa-1}{\kappa}} - 1\right] \tag{2.15}$$

Leistung und spezifische technische Arbeit im stationären Fließprozess bei adiabater Zustandsänderung

$$P_\mathrm{t12} = \dot{m}w_\mathrm{t12}\,, \quad w_\mathrm{t12} = \kappa w_\mathrm{v12} \tag{2.16}$$

Wassergehalt

$$X = \frac{m_\mathrm{W}}{m_\mathrm{L}} = 0{,}622\,\frac{\varphi}{\frac{p}{p_\mathrm{WS}} - \varphi} = 0{,}622\,\frac{p_\mathrm{W}}{p_\mathrm{L}} \tag{2.17}$$

Relative Feuchte

$$\varphi = \frac{m_\mathrm{W}}{m_\mathrm{WS}} = \frac{\varrho_\mathrm{W}}{\varrho_\mathrm{WS}} = \frac{p_\mathrm{W}}{p_\mathrm{WS}} = \frac{X}{0{,}622 + X}\frac{p}{p_\mathrm{WS}} \tag{2.18}$$

Gesamtdruck und Partialdruck des Wasserdampfs bei feuchter Luft

$$p = p_\mathrm{W} + p_\mathrm{L} \tag{2.19}$$

$$p_\mathrm{W} = p\frac{X}{0{,}622 + X} = p_\mathrm{WS}\varphi \tag{2.20}$$

Sättigungspartialdruck (Näherung für $0{,}01°\mathrm{C} \leq t \leq 60°\mathrm{C}$) mit $p_{\mathrm{tr}} = 0{,}00611657\,\mathrm{bar}$

$$\ln \frac{p_{\mathrm{WS}}}{p_{\mathrm{tr}}} = 17{,}2799 - \frac{4102{,}99}{t/1°\mathrm{C} + 237{,}431} \tag{2.21}$$

Gaskonstante feuchter Luft

$$R_{\mathrm{fL}} = \frac{R_{\mathrm{L}}}{1 - 0{,}378\,\varphi\,\frac{p_{\mathrm{WS}}}{p}} \tag{2.22}$$

Kompressibilität einer Flüssigkeit (isotherm)

$$\mathrm{d}V = -V\beta\mathrm{d}p = -\frac{V}{K}\mathrm{d}p \tag{2.23}$$

Thermische Ausdehnung einer Flüssigkeit

$$\Delta V = \alpha \Delta T V \tag{2.24}$$

Strömungslehre

Kinematische Viskosität

$$\nu = \frac{\eta}{\varrho} \tag{2.25}$$

Dynamische Viskosität von Luft (Näherungsgleichung von Sutherland)

$$\eta = 1{,}4747 \cdot 10^{-6}\,\frac{\mathrm{Pa\,s}}{\sqrt{\mathrm{K}}}\,\frac{T^{1{,}5}}{T + 113\,\mathrm{K}} \tag{2.26}$$

Kontinuitätsgleichung (Stromfaden, dichtebeständig)

$$Q = Av = \mathrm{const} \tag{2.27}$$

Bernoulli-Gleichung (Stromfaden, stationar, dichtebeständig, mit Verlusten)

$$p_1 + \frac{1}{2}\varrho v_1^2 + \varrho g z_1 = p_2 + \frac{1}{2}\varrho v_2^2 + \varrho g z_2 + \Delta p_{1\to 2} \tag{2.28}$$

Druckverlust in Rohren

$$\Delta p_{\mathrm{V}} = \lambda_{\mathrm{R}}\frac{l}{d}\frac{\varrho v^2}{2} \tag{2.29}$$

Reynoldszahl für Rohr mit Kreisquerschnitt

$$\mathrm{Re} = \frac{vd}{\nu} \tag{2.30}$$

Rohrreibungszahl für laminare Strömung (Bei nicht-isothermen Strömungen ggf. Formel von Pänzer und Beitler anwenden)

$$\lambda_{\mathrm{R}} = \frac{64}{\mathrm{Re}} \tag{2.31}$$

Rohrreibungszahl für turbulente Strömung (Colebrook)

$$\frac{1}{\sqrt{\lambda_R}} = -2\lg\left[\frac{k}{3{,}71d} + \frac{2{,}51}{\mathrm{Re}\sqrt{\lambda_R}}\right] \tag{2.32}$$

Rohrreibungszahl für turbulente Strömung (Näherung für hydraulisch glatte Rohre)

$$\lambda_R = \frac{0{,}3164}{\mathrm{Re}^{0{,}25}} \tag{2.33}$$

Druckverlust an Einbauten (Bei sehr kleinen Reynoldszahlen ist ggf. eine Re-abhängige Korrektur notwendig)

$$\Delta p_V = \zeta_E \frac{\varrho v^2}{2} \tag{2.34}$$

Blende

$$Q_{\mathrm{Blende}} = \alpha_D A_{\mathrm{Blende}} \sqrt{\frac{2\Delta p}{\varrho}} \tag{2.35}$$

Drossel (laminare Strömung)

$$Q_{\mathrm{Drossel}} = \frac{\pi r^4}{8\eta L}\Delta p \tag{2.36}$$

Hydraulischer Durchmesser (Ersatzdurchmesser) für Rohre mit nicht-kreisförmigem Querschnitt

$$d_e = 4\frac{A}{U} \tag{2.37}$$

Hydraulische Kapazität (z. B. Rohrleitung, Zylinder)

$$C_H = \beta V \tag{2.38}$$

2.2 Komponenten

Hydropumpen und Hydromotoren

Leistung in hydraulischen Komponenten (allgemein)

$$P = Q\Delta p \tag{2.39}$$

Theoretischer Förderstrom Pumpe bzw. Schluckstrom Motor ($-1 \leq \alpha \leq 1$, ggf. kleinerer Verstellbereich)

$$Q_i = \alpha V_i n \tag{2.40}$$

Verdrängungsvolumen Radialkolbenpumpe

$$V_i = 2e\,\frac{\pi}{4}d^2\,z \tag{2.41}$$

Theoretisches Drehmoment Pumpe

$$T_i = \frac{P_i}{\omega} = \frac{P_i}{2\pi n} = \frac{V_i\Delta p}{2\pi} \tag{2.42}$$

Volumetrischer Wirkungsgrad Pumpe

$$\eta_{\mathrm{v}} = \frac{Q_{\mathrm{i}} - Q_{\mathrm{s}}}{Q_{\mathrm{i}}} = \frac{Q_{\mathrm{e}}}{Q_{\mathrm{i}}} \tag{2.43}$$

Volumetrischer Wirkungsgrad Motor

$$\eta_{\mathrm{v}} = \frac{Q_{\mathrm{i}}}{Q_{\mathrm{i}} + Q_{\mathrm{s}}} = \frac{Q_{\mathrm{i}}}{Q_{\mathrm{e}}} \tag{2.44}$$

Hydraulisch-mechanischer Wirkungsgrad Pumpe

$$\eta_{\mathrm{hm}} = \frac{P_{\mathrm{i}}}{P_{\mathrm{m}}} \tag{2.45}$$

Hydraulisch-mechanischer Wirkungsgrad Motor

$$\eta_{\mathrm{hm}} = \frac{P_{\mathrm{m}}}{P_{\mathrm{i}}} \tag{2.46}$$

Gesamtwirkungsgrad

$$\eta_{\mathrm{t}} = \eta_{\mathrm{v}}\,\eta_{\mathrm{hm}} \tag{2.47}$$

Gesamtwirkungsgrad Pumpe

$$\eta_{\mathrm{t}} = \frac{P_{\mathrm{e}}}{P_{\mathrm{m}}} \tag{2.48}$$

Gesamtwirkungsgrad Motor

$$\eta_{\mathrm{t}} = \frac{P_{\mathrm{m}}}{P_{\mathrm{e}}} \tag{2.49}$$

Hydrozylinder

Kolbenstangenkraft beim Differentialzylinder – Ausfahren

$$F_{\mathrm{ST}} = \eta_{\mathrm{hm,K}}\,F_{\mathrm{K}} - \frac{F_{\mathrm{KR}}}{\eta_{\mathrm{hm,ST}}} \tag{2.50}$$

Kolbenstangenkraft beim Differentialzylinder – Einfahren

$$F_{\mathrm{ST}} = \eta_{\mathrm{hm,ST}}\,F_{\mathrm{KR}} - \frac{F_{\mathrm{K}}}{\eta_{\mathrm{hm,K}}} \tag{2.51}$$

Gesamtwirkungsgrad Hydrozylinder

$$\eta_{\mathrm{t}} = \frac{P_{\mathrm{m}}}{P_{\mathrm{e}}} \tag{2.52}$$

3 Pumpen und Bernoulli-Gleichung

3.1 Theoriefragen

- Wie sehen die Schaltzeichen für Pumpen aus?

- Wie lautet die Bernoulli-Gleichung für die ideale, stationäre Strömung? Welche Bedeutung haben die einzelnen Terme? Wie muss die Bernoulli-Gleichung ergänzt werden, um Verluste in Einbauten oder Rohren zu berücksichtigen?

- Erläutern Sie den Begriff Kavitation. Wovon hängt der Druck am Pumpeneintritt ab?

- Benennen Sie drei Hauptbauarten hydrostatischer Pumpen. Welche Bauarten eignen sich für die Erzeugung hoher Drücke? Erläutern Sie die Funktionsweise einer Zahnradpumpe mit einem geeigneten Bild. Zeichnen Sie die Saugseite und die Druckseite in das Bild ein. Erläutern Sie kurz den Aufbau und die Funktionsweise von Radialkolben- und Axialkolbenpumpen.

- Was ist das Fördervolumen (Verdrängungsvolumen) einer Pumpe? Warum gibt es Pumpen, bei denen das Fördervolumen einstellbar ist (sogenannte Verstellpumpen)? Wie berechnet sich die hydraulische Leistung einer Pumpe? Was sind der volumetrische und der hydraulisch-mechanische Wirkungsgrad?

3.2 Klausur: Pumpenkennlinie

Lerninhalte

Komponenten, Systeme Kenngrößen von Pumpen (volumetrischer Wirkungsgrad in Abhängigkeit von Drehzahl und Druck), Pumpenbauarten und Zusammenspiel Pumpe – Motor

Programmieren Arbeiten mit SMath Studio (z. B. Verwenden von Einheiten)

Aufgabenstellung

Ein Hersteller bietet Zahnradpumpen für Drücke bis 300 bar gemäß der unten stehenden Tabelle an. Die Tabelle zeigt die sogenannte Nenngröße NG und das dazugehörige geometrische Volumen V_i der Pumpen. Das Diagramm zeigt den effektiven Volumenstrom als Funktion der Drehzahl für zwei verschiedene Werte des Druckes (20 bar und 180 bar).

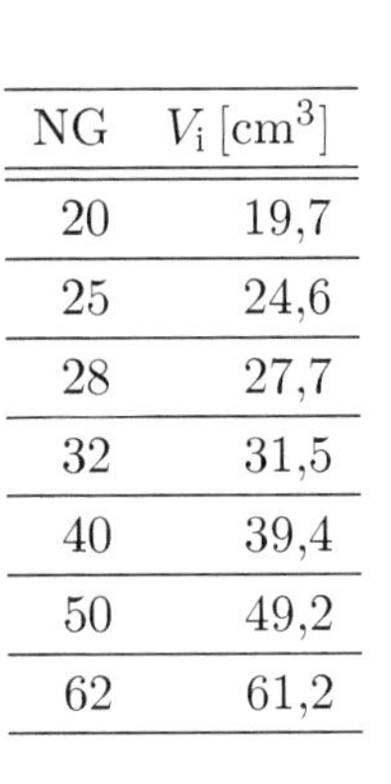

NG	$V_\mathrm{i}\,[\mathrm{cm}^3]$
20	19,7
25	24,6
28	27,7
32	31,5
40	39,4
50	49,2
62	61,2

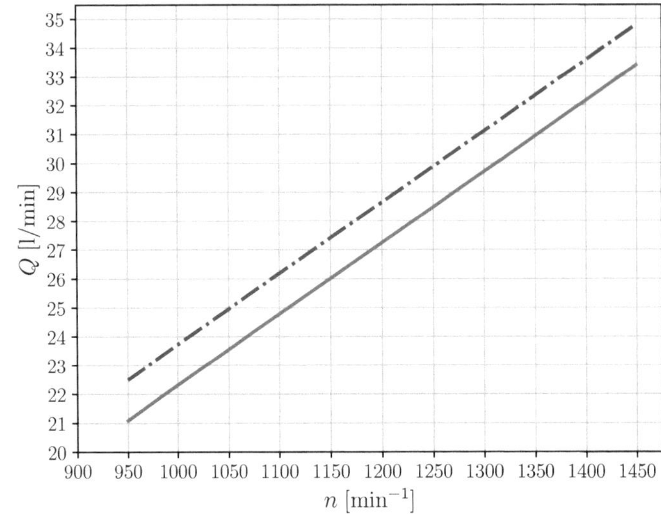

Alle Aufgabenteile sind unabhängig voneinander lösbar.

(a) Betrachten Sie vorerst nur die untere, durchgezogene Kurve. Für welche Nenngröße ist das gezeigte Diagramm? Wie groß ist der volumetrische Wirkungsgrad für die Drehzahlen $n_1 = 950\,\mathrm{min}^{-1}$ und $n_2 = 1450\,\mathrm{min}^{-1}$? Erläutern Sie kurz, warum die beiden volumetrischen Wirkungsgrade sich unterscheiden.

(b) Vergleichen Sie jetzt die beiden Kurven, die durchgezogene und die gestrichelte. Welche Kurve gehört zum größeren der beiden Drücke?

(c) Ein Motor mit $V_i = 100{,}0\,\mathrm{cm}^3$, $\alpha \geq 0{,}30$ soll die Maximaldrehzahl $n_\mathrm{max} = 1000\,\mathrm{min}^{-1}$ erreichen. Welche Nenngröße der angebotenen Pumpen ist zu wählen, wenn in dieser Situation keine anderen Verbraucher zugeschaltet sind und die Pumpendrehzahl $950\,\mathrm{min}^{-1}$ beträgt? Rechnen Sie zur Sicherheit mit $\eta_\mathrm{v} = 0{,}85$ jeweils für Motor und Pumpe.

(d) Ein Kollege fragt beim Hersteller an, ob er diese Pumpenbaureihe auch als Verstellpumpe im Angebot hat. Wie lautet die wahrscheinlichste Antwort?

Für eine andere Anwendung werden Drücke oberhalb von 300 bar benötigt. Welche Pumpenarten bieten sich dafür an?

Lösung mit SMath Studio

zu (a) Der Leckstrom hängt, anders als der Förderstrom der Pumpe, nur sehr geringfügig von der Drehzahl ab. Insofern steigt der volumetrische Wirkungsgrad mit steigendem Förderstrom, also mit steigender Drehzahl; im vorliegenden Fall von 90% auf 93,6%.

zu (b) Die untere Kurve hat den geringeren volumetrischen Wirkungsgrad, gehört daher zum größeren Druck.

zu (d) Zahnradpumpen gibt es nicht als Verstellpumpen; das Verdrängungsvolumen ist mit der Herstellung festgelegt. Für größere Drücke bieten sich Kolbenpumpen (Axialkolbenpumpen, Radialkolbenpumpen) an.

Berechnungen zu (a) und (c)

(a) untere Kurve

$$Q_{950} := 21,1\ \frac{\mathrm{L}}{\mathrm{min}} \qquad Q_{1450} := 33,4\ \frac{\mathrm{L}}{\mathrm{min}}$$

$$\frac{Q_{950}}{950\ \mathrm{min}^{-1}} = 22,21\ \mathrm{cm}^3 \qquad \text{Demnach ist das Diagramm für Nenngröße 25.} \qquad V_i := 24,6\ \mathrm{cm}^3$$

$$950\ \mathrm{min}^{-1} \qquad \eta_v := \frac{Q_{950}}{950\ \mathrm{min}^{-1} \cdot V_i} = 0,9$$

$$1450\ \mathrm{min}^{-1} \qquad \eta_v := \frac{Q_{1450}}{1450\ \mathrm{min}^{-1} \cdot V_i} = 0,9364$$

(c) Zusammenspiel mit Motor

$$V_{iM} := 100\ \mathrm{cm}^3 \qquad n_{max} := 1000\ \mathrm{min}^{-1} \qquad n_P := 950\ \mathrm{min}^{-1}$$

$$\alpha_{min} := 0,3 \qquad \eta_v := 0,85$$

$$V_{iP} := \frac{V_{iM} \cdot n_{max} \cdot \alpha_{min}}{n_P \cdot \eta_v} = 43,71\ \mathrm{cm}^3 \qquad \text{Nenngröße 50 ist notwendig.}$$

3.3 Klausur: Pumpenanordnung, Bernoulli-Gleichung

Lerninhalte

Grundlagen Bernoulli-Gleichung mit Druckverlusten in Rohrleitungen und Einbauten, laminare vs. turbulente Rohrströmung

Komponenten, Systeme Pumpenanordnung, Kavitation

Programmieren Arbeiten mit Mathcad (z. B. Verwenden von Einheiten)

Aufgabenstellung

Eine Pumpe in einem hydraulischen System fördert einen Volumenstrom Q aus einem tieferliegenden Ölbehälter. Der Flüssigkeitsspiegel im Behälter liegt z_E unterhalb des Pumpeneintritts. Die Rohrleitung hat den Durchmesser d. Für die Druckverluste am Stutzen ist der Widerstandsbeiwert ζ_1 anzunehmen. Für die Rohrleitung ist der Wert λ_R anzusetzen.

Die folgende Zahlenwerte sind gegeben: $\varrho = 870$ kg/m^3, $d = 80$ mm, $\zeta_1 = 0{,}5$, $z_E = 3{,}0$ m, $Q = 301{,}6$ l/min, $\lambda_R = 0{,}08$ und $p_{amb} = 1{,}0$ bar.

(a) Wie groß ist die Geschwindigkeit des Hydrauliköls in der Rohrleitung?

(b) Wie groß ist die kinematische Zähigkeit des Öles, damit der angegebene Wert λ_R stimmt? Unterstellen Sie eine laminare Strömung. Erläutern Sie mit geeigneten Berechnungen, dass tatsächlich eine laminare Strömung vorliegt.

(c) Wie groß ist der widerstandsbedingte Druckverlust Δp_V zwischen Ölbehälter und Pumpeneintritt?

(d) Welcher Druck herrscht am Pumpeneintritt E? Mit welchem Phänomen muss man rechnen, wenn man die Pumpe gegenüber dem Ölbehälter noch weiter oben einbaut?

Lösung mit Mathcad

$$\rho := 870 \, \frac{kg}{m^3} \qquad d := 80 \, mm \qquad \zeta_1 := 0.5 \qquad z_E := 3 \, m \qquad \lambda_R := 0.08$$

$$Q := 301.6 \, \frac{L}{min} \qquad p_{amb} := 1 \, bar \qquad g := 9.81 \, \frac{m}{s^2}$$

(a) Geschwindigkeit in der Rohrleitung

$$v := \frac{4 \cdot Q}{\pi \cdot d^2} = 1 \, \frac{m}{s}$$

(b) Kinematische Viskosität des Öls für den gegeben Rohrreibungswert

$$Re := \frac{64}{\lambda_R} = 800 \qquad \nu := \frac{v \cdot d}{Re} = 100 \, \frac{mm^2}{s}$$

(c) Widerstandsbedingter Druckverlust zwischen Ölbehälter und Pumpeneintritt

$$\Delta p_V := \frac{\rho}{2} \cdot v^2 \cdot \left(\zeta_1 + \lambda_R \cdot \frac{z_E}{d} \right) = 0.015 \, bar$$

(d) Druck am Pumpeneintritt

$$p_E := p_{amb} - \frac{\rho}{2} \cdot v^2 - \rho \cdot g \cdot z_E - \Delta p_V = 0.72 \, bar$$

zu (b) Bei einer Reynoldszahl von 800 liegt eine laminare Rohrströmung vor.

zu (d) Wenn die Pumpe noch höher eingebaut wird, kann Kavitation auftreten.

3.4 Behälterleerung

Lerninhalte

Grundlagen Bernoulli-Gleichung (für quasi-stationäre Vorgänge)

Programmieren Programmierung von Schleifen (`for`, `while`), Unterschied zwischen symbolischer und numerischer Auswertung (`eval`-Funktion), numerische Lösung gewöhnlicher Differentialgleichungen

Einleitung

In vielen Systemen in Natur und Technik sind – mathematisch gesehen – Systeme gewöhnlicher Differentialgleichungen numerisch zu lösen. Als denkbar einfaches Anwendungsbeispiel soll die Entleerung eines Behälters mit Kreisquerschnitt berechnet werden. Für die Behälterentleerung soll die iterative Lösung mittels einer selbst programmierten Schleife als auch die Lösung unter Zuhilfenahme des eingebauten Dgl.-Lösers `Rkadapt` (Plugin `ODE Solvers`) berechnet werden.

Um das Beispiel möglichst einfach zu halten, werden Verluste nicht berücksichtigt. Nach der Gleichung von Torricelli hängt die Auslaufgeschwindigkeit v_A dann von der Füllhöhe h des Behälters gemäß

$$v_\mathrm{A} = \sqrt{2 \cdot g \cdot h} \tag{3.1}$$

ab. Wenn kein Zufluss vorhanden ist (wovon wir hier ausgehen) nimmt die Füllhöhe mit der Zeit ab. Damit sinkt auch die Auslaufgeschwindigkeit mit der Zeit.

Arbeitsauftrag: Leiten Sie die Formel (3.1) mit der Bernoulli-Gleichung her.

Aufgabenstellung

Im vorliegenden Fall gilt: Behälterdurchmesser $d_\mathrm{B} = 1\,\mathrm{m}$, Durchmesser des Abflussrohres $d_\mathrm{A} = 10\,\mathrm{cm}$, Füllhöhe zu Beginn $h_0 = 3\,\mathrm{m}$.

(a) <u>Lösungsweg 1:</u> Da sich durch das Auslaufen die Füllhöhe des Behälters und die Auslaufgeschwindigkeit ändern, muss eine iterative Berechnung durchgeführt werden, welche in jedem Schritt die Auslaufgeschwindigkeit mit der aktuellen Füllhöhe, das daraus resultierende abgeflossene Volumen und die neue Füllhöhe berechnet. Berechnen Sie den zeitlichen Verlauf der Behälterleerung für die gegebene Geometrie und bestimmen Sie die Zeit bis der Behälter vollständig geleert ist. Nutzen Sie eine Schleife mit frei wählbarer Zeitschrittweite Δt. Welche Schleife – `for` oder `while` – ist für diese Zwecke besser geeignet?

(b) <u>Lösungweg 2</u>: Die Behälterentleerung kann als gewöhnliche Differentialgleichung für die momentane Füllhöhe y in der Form

$$\dot{y} = -\left(\frac{d_\mathrm{A}}{d_\mathrm{B}}\right)^2 \sqrt{2gy} \qquad (3.2)$$

geschrieben werden. Offensichtlich gilt zu Beginn $y(0) = h_0$ und am Ende $y(t_\mathrm{leer}) = 0$. Nutzen Sie den Befehl `Rkadapt` aus dem Plugin `ODE Solvers` oder einen Befehl aus dem Plugin `DotNumerics`, um die Differentialgleichung (3.2) numerisch zu lösen.

(c) Zeichnen Sie die beiden Lösungen in ein Diagramm. Welche Schrittweite Δt wird in der Lösung über die Schleife für eine hinreichende Genauigkeit benötigt?

Lösung

Zuerst soll die Lösung über eine `while`-Schleife betrachtet werden. Eine `while`-Schleife hat im vorliegenden Fall den Vorteil, dass die Entleerungszeit nicht vorab geschätzt werden muss. Die Schleife funktioniert so, dass durch den Abfluss von Wasser die Füllhöhe h solange abnimmt, bis die Füllhöhe keine positive Zahl mehr ist. In anderen Worten: sobald h nicht mehr positiv ist, wird die Ausführung der Schleife beendet. Die Größe δ in der SMath Studio-Lösung ist das Durchmesserverhältnis, $\delta = d_\mathrm{A}/d_\mathrm{B}$. Die Größe $f = \sqrt{2g}\delta^2\Delta t$ wird in jedem Iterationsschritt benötigt und daher vorab berechnet.

Der `eval`-Befehl in der Schleife erzwingt die numerische Auswertung des Argumentes. Ohne den `eval`-Befehl wird die Auswertung bis zum Ende der Abarbeitung der Schleife symbolisch vorgenommen. Das führt bei einigen Problemstellungen zu sehr komplexen symbolischen Ausdrücken, die SMath Studio „ausbremsen".

Arbeitsauftrag: Probieren Sie die Berechnung ohne `eval`-Funktion aus. Höchstwahrscheinlich wird SMath Studio in endlicher Zeit zu keiner Lösung kommen.

Zum Vergleich werden im Anschluss zwei weitere Lösungen betrachtet – eine Lösung über eine `for`-Schleife und eine Lösung mittels `Rkadapt`. Für die `for`-Schleife und für den Befehl `Rkadapt` muss eine finale Zeit t_E eingegeben werden. Diese findet sich durch Ausprobieren, indem z. B. bei $t_\mathrm{E} = 10\,\mathrm{s}$ begonnen wird. Um eine negative Füllhöhe zu verhindern, wird die aktuelle Füllhöhe über `if` abgefragt. Bei Erreichen der Füllhöhe 0 könnte die Schleifenausführung mit einem `break` beendet werden. Für die gewählte Schrittweite $\Delta t = 2{,}5\,\mathrm{s}$ sind im Diagramm Unterschiede zwischen den beiden Lösungen zu erkennen.

Arbeitsauftrag: Überzeugen Sie sich durch eigene Berechnungen mit SMath Studio davon, dass die Berechnung mit `for`-Schleife gegen die Lösung mittels Rkadapt für kleiner werdende Schrittweite konvergiert.

Lösung mit `while`-Schleife

$$\delta := 0,1 \qquad g := 9,81 \, \frac{m}{s^2} \qquad h_1 := 3 \, m \qquad \Delta t := 0,5 \, s$$

$$f := \sqrt{2 \cdot g} \cdot \delta^2 \cdot \Delta t = 0,0221 \, m^{\frac{1}{2}}$$

$$j := 1$$

$$\text{while } h_j > 0$$

$$\left| \begin{array}{l} j := j + 1 \\ h_j := \text{eval}\left(h_{j-1} - \left(h_{j-1} \right)^{0,5} \cdot f \right) \end{array} \right.$$

$$N := \text{length}(h) - 1 = 154$$

$$t_{tab} := \left[0 ; 1 .. (N-1) \right] \cdot \Delta t \qquad\qquad t_{tab_N} = 76,5 \, s$$

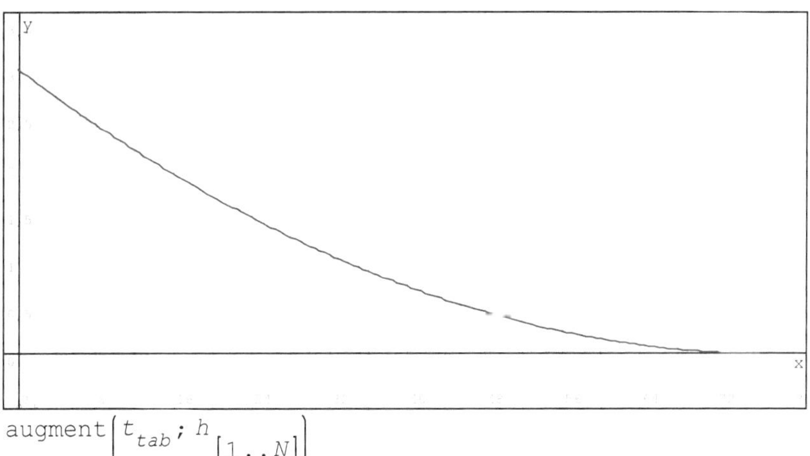

$$\text{augment}\left(t_{tab} ; h_{[1..N]} \right)$$

Lösung mit `for`-Schleife und `Rkadpat`

$$d_B := 1 \text{ m} \qquad d_A := 10 \text{ cm} \qquad h_0 := 3 \text{ m} \qquad g := 9{,}81 \, \frac{\text{m}}{\text{s}^2}$$

$$\Delta t := 2{,}5 \text{ s} \qquad t_E := 78 \text{ s}$$

$$t_{tab} := \left[0 \, ; \Delta t \, .. \, t_E \right] \qquad h_1 := h_0 = \left[3 \text{ m} \right]$$

$$N := \text{length}\left(t_{tab} \right) = 32$$

$$\text{for } j \in \left[2 \, .. \, N \right]$$

$$\left| \begin{array}{l} H := \text{eval}\left(h_{j-1} - \sqrt{2 \cdot g \cdot h_{j-1}} \cdot \left(\dfrac{d_A}{d_B} \right)^2 \cdot \Delta t \right) \\[2ex] \text{if } H > 0 \\ \quad h_j := H \\ \text{else} \\ \quad h_j := 0 \text{ m} \end{array} \right. \qquad t_{tab_N} = 77{,}5 \text{ s}$$

$$D\left(t \, ; y \right) := -\left(\frac{d_A}{d_B} \right)^2 \cdot \sqrt{2 \cdot g \cdot y}$$

$$LsgRK := \text{Rkadapt}\left(h_0 \, ; \, 0 \, ; \, t_E \, ; \, 20 \, ; \, D\left(t \, ; y \right) \right)$$

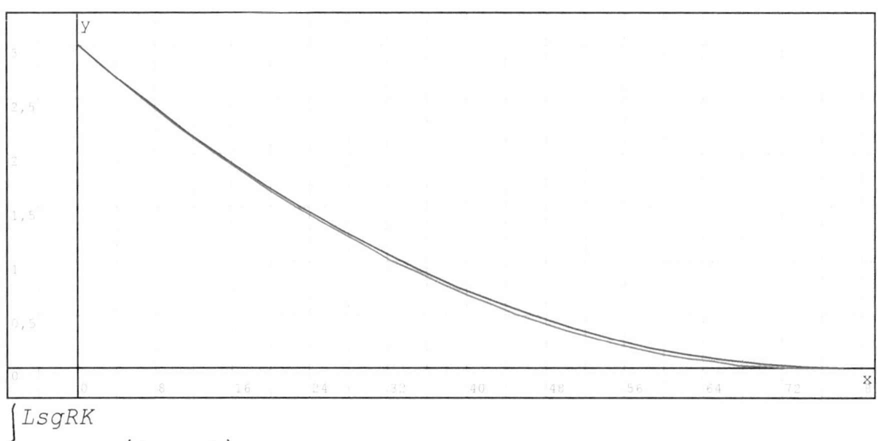

$$\left\{ \begin{array}{l} LsgRK \\ \text{augment}\left(t_{tab} \, ; \, h \right) \end{array} \right.$$

4 Motoren, hydrostatische Getriebe

4.1 Theoriefragen

- Wie sehen die Schaltzeichen für Hydromotoren aus? Woran erkennt man einen Verstellmotor?

- Benennen Sie typische Bauarten hydrostatischer Motoren. Nennen Sie einen typischen Anwendungsfall für Axialkolbenmotoren. Warum werden Axialkolbenmotoren in diesem Anwendungsfall häufig genutzt?

- Was sind der volumetrische und der hydraulisch-mechanische Wirkungsgrad? Wie berechnet sich die hydraulische Leistung eines Motors? Wovon hängt das Drehmoment am Hydromotor ab? Wie hängen effektiver Schluckstrom und Druckdifferenz beim Hydromotor zusammen?

- Was ist ein hydrostatisches Getriebe? Welche zwei grundlegenden Arten unterscheidet man? Was sind Vorteile eines hydrostatischen Getriebes mit geschlossenem Kreislauf? Angenommen, in einem hydrostatischen Getriebe ist sowohl die Pumpe als auch der Motor verstellbar. Was wird beim langsamen Anfahren des Motors typischerweise zuerst verstellt, die Pumpe oder der Motor?

4.2 Klausur: Hydraulischer Windenantrieb

Lerninhalte

Komponenten, Systeme Kenngrößen von Pumpen und Motoren (Verdrängungsvolumen, Wirkungsgrade, Leistung), Zusammenspiel Pumpe – Motor

Programmieren Arbeiten mit Mathcad (z. B. Verwenden von Einheiten)

Aufgabenstellung

Ein Hydromotor dient in der abgebildeten Anordnung dem Antrieb einer Seilwinde. Der Hydromotor wird durch eine Pumpe gespeist, die wiederum von einem Verbrennungsmotor angetrieben wird.

Der effektive Förderstrom der Pumpe sei $Q_{e,P}$, der volumetrische Wirkungsgrad sei $\eta_{v,P}$ und das geometrische Verdrängungsvolumen der Pumpe sei V_P. Es liegen die folgenden Zahlenwerte vor: $Q_{e,P} = 39{,}14\,\mathrm{l/min}$, $\eta_{v,P} = 0{,}90$ und $V_P = 30{,}0\,\mathrm{cm}^3$.

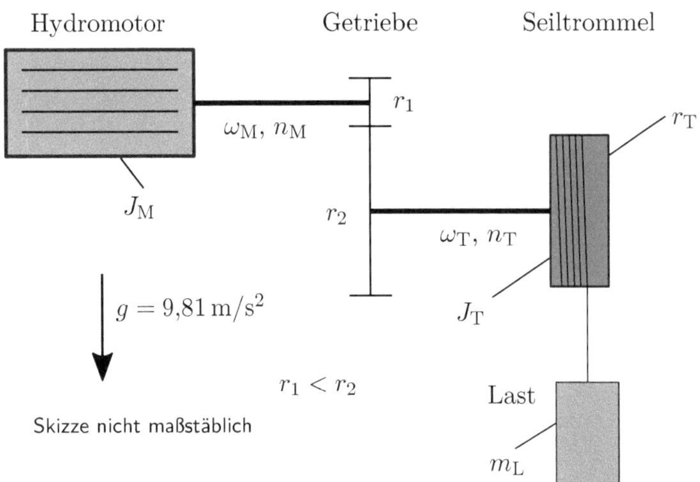

Hinweis: Pumpe und Verbrennungsmotor sind beide im Bild nicht gezeigt.

Die Aufgabenteile (außer f) können unabhängig voneinander bearbeitet werden.

(a) Wie groß ist der theoretische Förderstrom $Q_\mathrm{i,P}$ der Pumpe? Mit welcher Drehzahl n_P wird demnach die Pumpe angetrieben?

(b) Für eine andere Anwendung wird die halbe Hubgeschwindigkeit an der Seilwinde benötigt. Ihr Kollege schlägt vor, nichts an der Konstruktion zu ändern sondern lediglich die Pumpe mit halber Drehzahl anzutreiben. Was spricht wahrscheinlich gegen diesen Vorschlag?

Der Hydromotor dreht sich mit konstanter Drehzahl n_M. Die Wirkungsgrade des Hydromotors seien $\eta_\mathrm{hm,M}$ und $\eta_\mathrm{v,M}$. Das mechanische Getriebe zwischen Hydromotor und Seilwinde hat das Übersetzungsverhältnis $i = r_2/r_1$ und soll in einer ersten Berechnung als verlustfrei angenommen werden. Die Last (Masse m_L) wird mit konstanter Geschwindigkeit v_L gehoben. Die Seiltrommel hat den Radius r_T. Es liegen die folgenden Zahlenwerte vor: $n_\mathrm{M} = 600$ min^{-1}, $\eta_\mathrm{hm,M} = 0{,}90$, $\eta_\mathrm{v,M} = 0{,}92$, $m_\mathrm{L} = 1000$ kg, $v_\mathrm{L} = 125{,}6$ cm/s, $r_\mathrm{T} = 100$ mm und $\Delta p_\mathrm{V,ges} = 5{,}0$ bar.

(c) Wie groß ist das Schluckvolumen des Motors, wenn der gesamte Volumenstrom der Pumpe in den Motor fließt?

(d) Wie groß ist die Nutzleistung der Seilwinde? Wie groß ist die (theoretische) hydraulische Leistung des Hydromotors? Welcher Druckabfall ist demnach am Hydromotor zu erwarten?

(e) Wie muss das Übersetzungsverhältnis i gewählt werden, damit die Last tatsächlich mit v_L angehoben wird?

(f) Die Druckverluste zwischen Tank und Pumpe, Pumpe und Hydromotor sowie Hydromotor und Tank summieren sich zu $\Delta p_\mathrm{V,ges}$. Wie groß ist im betrachteten Fall die (theoretische) hydraulische Leistung der Hydropumpe?

Lösung mit Mathcad

Aufgabenteile (a) und (b)

$$Q_{eP} := 39.14 \; \frac{L}{min} \qquad \eta_{vP} := 0.9 \qquad V_P := 30 \; cm^3$$

$$Q_{iP} := \frac{Q_{eP}}{\eta_{vP}} \qquad Q_{iP} = 43.49 \; \frac{L}{min} \qquad n_P := \frac{Q_{iP}}{V_P} \qquad n_P = 1449.6 \; \frac{1}{min}$$

Die Pumpe wird durch einen Verbrennungsmotor angetrieben. Vermutlich wurde die Drehzahl der Pumpe so gewählt, dass der Motor im optimalen Drehzahlbereich arbeitet. Eine Halbierung der Drehzahl ist daher aus Effizienzgesichtspunkten wahrscheinlich nicht sinnvoll.

Aufgabenteile (c) bis (e)

$$\eta_{vM} := 0.92 \qquad n_M := 600 \; min^{-1} \qquad m_L := 1000 \; kg \qquad g := 9.81 \; \frac{m}{s^2} \qquad v_L := 125.6 \; \frac{cm}{s}$$

$$\eta_{hmM} := 0.9 \qquad r_T := 100 \; mm$$

$$Q_{eM} := Q_{eP} \qquad Q_{iM} := \eta_{vM} \cdot Q_{eM} \qquad Q_{iM} = 36.01 \; \frac{L}{min}$$

$$V_M := \frac{Q_{iM}}{n_M} \qquad V_M = 60.01 \; cm^3$$

$$P_N := m_L \cdot g \cdot v_L \qquad P_N = 12.3 \; kW$$

$$P_i := \frac{P_N}{\eta_{hmM}} \qquad P_i = 13.7 \; kW \qquad \Delta p_M := \frac{P_i}{Q_{iM}} \qquad \Delta p_M = 228 \; bar$$

$$n_T := \frac{v_L}{2 \; \pi \cdot r_T} \qquad n_T = 119.9 \; \frac{1}{min} \qquad i := \frac{n_M}{n_T} \qquad i = 5$$

Aufgabenteil (f)

$$\Delta p_{Vges} := 5 \; bar$$

$$P_{iP} := \left(\Delta p_M + \Delta p_{Vges} \right) \cdot Q_{iP} \qquad P_{iP} = 16.9 \; kW$$

4.3 Klausur: Hydraulischer Windenantrieb

Lerninhalte

Komponenten, Systeme Kenngrößen von Pumpen und Motoren (Verdrängungsvolumen, Wirkungsgrade, Leistung), Zusammenspiel Pumpe – Motor

Programmieren Arbeiten mit Mathcad (z. B. Verwenden von Einheiten)

Aufgabenstellung

Die Windentrommel (Durchmesser $d = 400\,\mathrm{mm}$) sitzt direkt auf der Welle eines Hydromotors. Am Eintritt des Hydromotors liegt der Überdruck $p_{\mathrm{E,M}} = 180\,\mathrm{bar}$ an. Am Ausgang des Motors liegt der Überdruck $0,9\,\mathrm{bar}$ an. Die Wirkungsgrade des Motors sind $\eta_{\mathrm{vM}} = 0,92$ und $\eta_{\mathrm{hmM}} = 0,94$. Es gilt $g = 9,81\,\mathrm{m/s}^2$.

(a) Die Last (Masse $2000\,\mathrm{kg}$) wird mit der konstanten Geschwindigkeit $v_{\mathrm{H}} = 0,5\,\mathrm{m/s}$ gehoben. Wie groß ist die mechanische Leistung des Hydromotors im betrachteten Moment? Wie groß ist der effektive Schluckstrom des Motors? Wie groß ist das (theoretische) Schluckvolumen des Motors?

(b) Für eine andere Hebegeschwindigkeit und Last beträgt der effektive Schluckstrom des Motors $62\,\mathrm{l/min}$. Am Eintritt des Hydromotors liegt nach wie vor der Überdruck $180\,\mathrm{bar}$ an. Der Druckverlust zwischen Hydropumpe und Hydromotor ist $0,9\,\mathrm{bar}$. Am Eingang der Pumpe soll in erster Näherung Umgebungsdruck angenommen werden.

Wie groß ist die an der Pumpe erforderliche mechanische Leistung, wenn der Gesamtwirkungsgrad der Pumpe $0,88$ beträgt und die Pumpe nur den Motor versorgt?

Lösung mit Mathcad

(a) Nutzleistung, effektiver Schluckstrom und Schluckvolumen des Motors

$$v_H := 0.5\ \frac{m}{s} \qquad m := 2000\ kg \qquad g := 9.81\ \frac{m}{s^2} \qquad d := 400\ mm$$

$$\eta_{hmM} := 0.94 \qquad \eta_{vM} := 0.92 \qquad \Delta p_M := 180\ bar - 0.9\ bar$$

$$P_N := v_H \cdot m \cdot g = 9.81\ kW$$

$$Q_{iM} := \frac{P_N}{\eta_{hmM} \cdot \Delta p_M} = 34.962\ \frac{l}{min} \qquad\qquad Q_{eM} := \frac{Q_{iM}}{\eta_{vM}} = 38.002\ \frac{l}{min}$$

$$n_M := \frac{v_H}{\pi \cdot d} = 23.873\ \frac{1}{min} \qquad\qquad V_{iM} := \frac{Q_{iM}}{n_M} = 1464\ cm^3$$

(b) Mechanische Leistung an der Pumpe

$$\eta_{tP} := 0.88 \qquad Q_{eP} := 62 \ \frac{l}{min} \qquad \Delta p_P := 180 \ bar + 0.9 \ bar - 0 \ bar$$

$$P_{mP} := \frac{Q_{eP} \cdot \Delta p_P}{\eta_{tP}} = 21.242 \ kW$$

Beachten Sie: (a) und (b) unterstellen unterschiedliche Lastfälle. Somit ist die Berechnung eines Wirkungsgrades aus Nutzleistung und mechanischer Leistung an der Pumpe nicht sinnvoll.

4.4 Klausur: Hydraulischer Walzenantrieb

Lerninhalte

Komponenten, Systeme Kenngrößen von Pumpen und Motoren (Verdrängungsvolumen, Wirkungsgrade, Leistung), Zusammenspiel Pumpe – Motor (hydrostatisches Getriebe)

Programmieren Arbeiten mit Mathcad und Python (z. B. Verwenden von Einheiten)

Aufgabenstellung

Die Abbildung zeigt den Schaltplan eines einfachen Walzenantriebes. Ein E-Motor dreht sich stets in die gleiche Richtung und treibt eine verstellbare Axialkolbenpumpe an. Die Walzen werden durch einen Radialkolbenmotor angetrieben.

In einem konkreten Anwendungsfall wird eine solche Schaltung mit einem Radialkolbenmotor mit Schluckvolumen V_M, Zylinderzahl z_M, Zylinderdurchmesser d_M und den Wirkungsgraden η_{vM} und η_{hmM} verwendet.

Die drei Aufgabenteile können <u>unabhängig</u> voneinander bearbeitet werden.

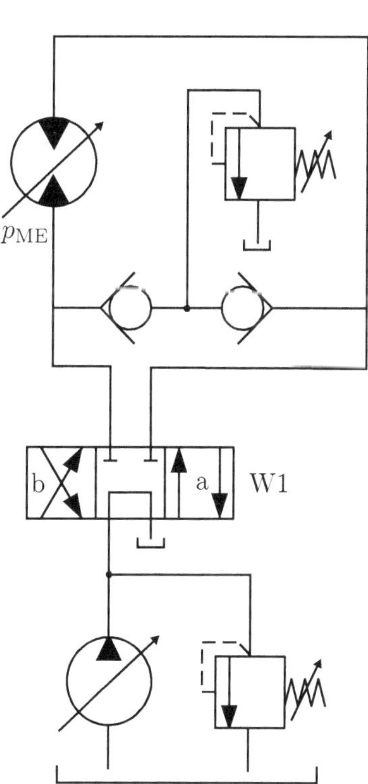

Folgende Zahlenwerte liegen vor: $V_\mathrm{M} = 100\ \mathrm{cm}^3$, $z_\mathrm{M} = 9$, $d_\mathrm{M} = 25\ \mathrm{mm}$, $n_\mathrm{M} = 600\ \mathrm{min}^{-1}$, $\eta_\mathrm{vM} = 0{,}92$, $\eta_\mathrm{hmM} = 0{,}90$ und $\Delta p_\mathrm{M} = 200\ \mathrm{bar}$.

(a) Erläutern Sie, wie in der abgebildeten Schaltung die Drehrichtungsumkehr der Walzen erreicht wird?

(b) Ist die abgebildete Schaltung ein hydrostatisches Getriebe mit offenem oder geschlossenem Kreislauf?

(c) Wie groß ist die Exzentrizität beim betrachteten Radialkolbenmotor? Welchen effektiven Volumenstrom Q_eP muss die Pumpe liefern, damit sich der Radialkolbenmotor mit der Drehzahl n_M dreht? Welches Drehmoment liefert der Radialkolbenmotor, wenn der Druckabfall am Motor Δp_M ist? Wie groß ist der Druck p_ME am Motoreintritt, wenn für den Druckabfall am Wegeventil W1 für beide Durchflusswege die Formel

$$\Delta p_\mathrm{V} = 1\,\mathrm{bar} \cdot \left(\frac{Q}{Q_\mathrm{N}} \right)^2 \tag{4.1}$$

gilt und der Tank ohne Überdruck ist? Für den Nenndurchfluss des Wegeventils gilt hier $Q_\mathrm{N} = 20{,}0\ \mathrm{l/min}$. Die Leitungsverluste sollen für eine erste Berechnung vernachlässigt werden.

Lösung mit Mathcad

zu (a) Die Drehrichtungsumkehr erfolgt durch Schalten des Wegeventils W1.

zu (b) Das abgebildete System ist ein hydrostatisches Getriebe mit offenem Kreislauf. Die Pumpe fördert aus dem Tank und die Druckflüssigkeit fließt aus dem Motor zurück in den Tank.

zu (c)

$$V_M := 100\ \boldsymbol{cm}^3 \qquad z_M := 9 \qquad d_M := 25\ \boldsymbol{mm} \qquad n_M := 600\ \boldsymbol{min}^{-1}$$

$$\eta_{vM} := 0.92 \qquad \eta_{hmM} := 0.90 \qquad \Delta p_M := 200\ \boldsymbol{bar} \qquad Q_N := 20\ \frac{\boldsymbol{L}}{\boldsymbol{min}}$$

$$e_M := \frac{V_M}{2\,\frac{\pi}{4}\,d_M{}^2\,z_M} = 11.3 \; mm$$

Randbetrachtungen:

$$Q_{eP} := \frac{V_M \cdot n_M}{\eta_{vM}} = 65.2 \; \frac{L}{min}$$

$$Q_{iM} := V_M \cdot n_M = 60 \; \frac{L}{min}$$

$$M_M := \frac{\Delta p_M \cdot V_M}{2\,\pi} \cdot \eta_{hmM} = 286 \; N \cdot m$$

$$\Delta p_V := 1 \; bar \cdot \left(\frac{V_M \cdot n_M}{Q_N}\right)^2 = 9 \; bar$$

$$1 \; bar \cdot \left(\frac{Q_{eP}}{Q_N}\right)^2 = 10.6 \; bar$$

$$p_{ME} := \Delta p_M + \Delta p_V = 209 \; bar$$

Annahme: Der Volumenstrom, der vom Motor über das Wegeventil W1 zum Tank zurückfließt, ist der theoretische Schluckstrom des Motors. Falls man den effektiven Schluckstrom wählt, kommt ein etwas größerer Druck heraus.

Lösung mit Python

Die folgenden Berechnungen zu Aufgabenteil (c) zeigen die Verwendung von Python für einfache Berechnungen. Die gegebenen Werte werden in Python mit der zugehörigen Einheit eingegeben und verarbeitet. Für die Verarbeitung der Einheiten wird die Bibliothek `pint` genutzt. Die Möglichkeit, mit Einheiten rechnen zu können, ist bei technischen Berechnungen nicht zu unterschätzen. In der Tat geschehen viele Berechnungsfehler durch den unsachgemäßen Umgang mit Einheiten.

```
import math
import pint
ureg = pint.UnitRegistry()

VM = 100.0*ureg.cm**3
zM = 9
dM = 25.0*ureg.mm
nM = 600.0/ureg.minute
etavM = 0.92
etahmM = 0.90
deltapM=200.0*ureg.bar
QN = 20.0*ureg.liter/ureg.minute
```

Für den Radialkolbenmotor ist neben den Parametern Zylinderzahl z_M und Zylinderdurchmesser d_M auch das theoretische Schluckvolumen V_M gegeben. Somit ist die Exzentrizität e_M als einzige Größe in der Formel für das Schluckvolumen des Radialkolbenmotors

$$V_M = \frac{\pi}{4} d_M^2\, 2 e_M\, z_M \tag{4.2}$$

unbekannt und kann durch Umstellen gewonnen werden.

```python
eM = 0.5*VM/(0.25*math.pi*dM**2*zM)
eM.ito(ureg.mm)
print('>> Exzentrizitaet {:~}'.format(round(eM,2)))
```

Für die Exzentrizität ergibt sich $e_\mathrm{M} = 11{,}3\,\mathrm{mm}$. Anmerkung: Die Umrechnung einer Größe auf eine gewünschte Einheit erfolgt über `ito()`. Der `print`-Befehl gibt die Größe mit Einheit an.

Dreht sich der Motor mit Drehzahl n_M, so gilt für den effektiven Schluckstrom

$$Q_\mathrm{eM} = \frac{n_\mathrm{M} V_\mathrm{M}}{\eta_\mathrm{vM}} \; . \tag{4.3}$$

Diesen Volumenstrom muss die Pumpe effektiv liefern, d. h. $Q_\mathrm{eP} = Q_\mathrm{eM}$. Anmerkung: Der theoretische Schluckstrom des Motors ist $Q_\mathrm{iM} = n_\mathrm{M} V_\mathrm{M}$.

```python
QeP = nM*VM/etavM
QeP.ito(ureg.liter/ureg.minute)
print('>> Effektiver Volumenstrom der Pumpe {:~}'.format(round(QeP,2)))
```

Der effektive Volumenstrom der Pumpe ist $Q_\mathrm{eP} = 65{,}2\,\mathrm{l/min}$. Für die Motorleistung gilt einerseits

$$P_\mathrm{M} = \omega_\mathrm{M} M_\mathrm{M} = 2\pi n_\mathrm{M} M_\mathrm{M} \tag{4.4}$$

und andererseits

$$P_\mathrm{M} = \eta_\mathrm{hmM} P_\mathrm{iM} = \eta_\mathrm{hmM} \Delta p_\mathrm{M} Q_\mathrm{iM} \; . \tag{4.5}$$

Daraus lässt sich das gesuchte Drehmoment M_M berechnen. Die Drehzahl kürzt sich offensichtlich heraus. Alternativ kann direkt auf die Formel für das Drehmoment in Abhängigkeit von Schluckvolumen und Druckabfall zurückgegriffen werden.

Aus dem Druckabfall Δp_M am Motor und dem Druckverlust vom Motoraustritt bis in den Tank (kein Überdruck) ergibt sich zudem der gesuchte Eintrittsdruck p_ME.

```python
MM = 0.5/math.pi*deltapM*VM*etahmM
MM.ito(ureg.N*ureg.m)
print('>> Drehmoment am Motor {:~}'.format(round(MM,2)),'\n')
```

```python
QiM = nM*VM
QiM.ito(ureg.liter/ureg.minute)
pME = deltapM + 1.0*ureg.bar*(QiM/QN)**2
pME.ito(ureg.bar)
print('>> Volumenstrom am Motoraustritt {:~}'.format(round(QiM,2)),'\n')
print('>> Druck am Motoreintritt {:~}'.format(round(pME,2)))
```

Es ergeben sich für Motordrehmoment und Eintrittsdruck am Motor die Werte $M_\mathrm{M} = 286\,\mathrm{N\,m}$ bzw. $p_\mathrm{ME} = 209\,\mathrm{bar}$.

4.5 Klausur: Hydrostatisches Getriebe

Lerninhalte

Komponenten, Systeme Kenngrößen von Pumpen und Motoren (Verdrängungsvolumen, Wirkungsgrade, Leistung), Zusammenspiel Pumpe – Motor (hydrostatisches Getriebe)

Programmieren Arbeiten mit Mathcad (z. B. Verwenden von Einheiten)

Aufgabenstellung

Es wird das abgebildete hydrostatische Getriebe näher untersucht. Die genannten Wirkungsgrade für Pumpe und Motor gelten in dem betrachteten Betriebspunkt.

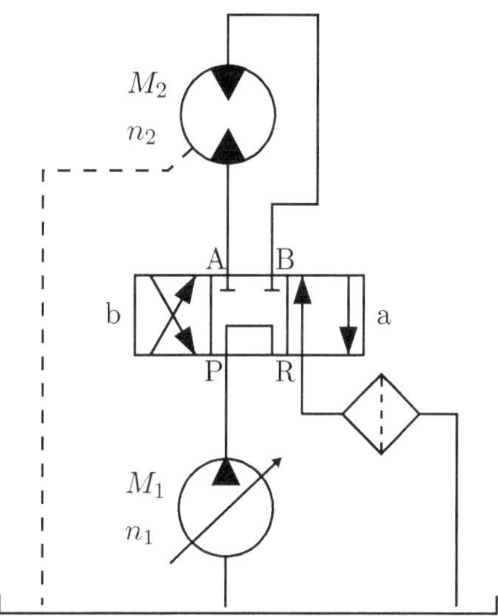

- Hydromotor (Konstantmotor): $V_2 = 38$ cm^3, $\eta_{\mathrm{hm2}} = 0{,}92$ und $\eta_{\mathrm{v2}} = 0{,}98$

- Pumpe (Verstellpumpe): $V_1 = 40$ cm^3, $\eta_{\mathrm{hm1}} = 0{,}96$ und $\eta_{\mathrm{v1}} = 0{,}96$

- Rohrleitungssystem: $d = 16$ mm, $\zeta_{\mathrm{ges}} = 3$ und $l_{\mathrm{R}} = 12$ m

- Öl (bei Betriebstemperatur): $\varrho = 900$ kg/m^3 und $\nu = 20$ mm^2/s

Beachten Sie: Die Aufgabenteile können unabhängig voneinander gelöst werden.

(a) Ist das abgebildete Getriebe als offener oder geschlossener Kreislauf ausgeführt (mit Begründung)? Benennen Sie das abgebildete Ventil. Wie erfolgt die Drehrichtungsumkehr im abgebildeten Getriebe? Welches Bauteil fehlt definitiv im abgebildeten Schaltplan?

(b) Wie groß ist das äußere (Nutz-)Moment M_{2max}, wenn der Druckabfall am Motor $\Delta p_2 = 220$ bar beträgt?

(c) Wie groß ist der erforderliche effektive Pumpenförderstrom, wenn die Motordrehzahl $n_2 = 1000$ min^{-1} beträgt und die Ventile leckölfrei sind? Welche Volumeneinstellung α_1 der Pumpe ist dabei erforderlich? Die Antriebsdrehzahl beträgt $n_1 = 1100$ min^{-1}.

Für geänderte Werte der Motordrehzahl n_2 und des Pumpenvolumens V_1 ergibt sich für den effektiven Volumenstrom der Pumpe der Wert $Q_{\mathrm{e1}} = 43$ l/min. Der Wert Δp_2 von oben gilt weiterhin.

(d) Die Rohrleitungen (Durchmesser d und Gesamtlänge l_R) bestehen aus Präzisionsstahlrohren und können für die Zwecke unserer Berechnung als hydraulisch glatt angenommen werden. Der Verlustkoeffizient ζ_{ges} fasst alle Krümmer und den Filter zusammen. Für das Wegeventil sind die Druckverluste aus einer näherungsweise quadratischen Kennlinie mit Nenndurchfluss von 30,4 l/min bei 1 bar Druckverlust zu berechnen (jeweils für die Wege P→A und B→R).

Wie groß ist in Schaltstellung a des Wegeventils der Druckverlust Δp_V in der Anlage (einschließlich Wegeventil und Filter), wenn die oben stehenden Werte gelten?

(e) Wie groß ist das erforderliche Antriebsmoment für die Pumpe? Rechnen Sie mit dem gegebenen Wert für Δp_2, dem effektiven Volumenstrom der Pumpe $Q_{e1} = 43$ l/min und einem Druckverlust in der Gesamtanlage $\Delta p_V = 5{,}1$ bar. Die Antriebsdrehzahl der Pumpe ist nach wie vor $n_1 = 1100$ min^{-1}.

Hinweis: Durch konstruktive Änderungen an den Krümmern, am Filter und am Wegeventil hat sich der Druckverlust in der Anlage gegenüber dem von Ihnen berechneten Wert geändert.

Lösung mit Mathcad

zu (a) Das abgebildete System ist ein hydrostatisches Getriebe mit offenem Kreislauf. Die Pumpe fördert aus dem Tank und die Druckflüssigkeit fließt aus dem Motor zurück in den Tank. Das Ventil ist ein 4/3-Wegeventil. Die Drehrichtungsumkehr des Motors erfolgt durch Schalten des Wegeventils. Ein Druckbegrenzungsventil muss mindestens für die Pumpe vorgesehen werden.

$$V_2 := 38\ cm^3 \qquad \eta_{hm2} := 0.92 \qquad \eta_{v2} := 0.98$$

$$V_1 := 40\ cm^3 \qquad \eta_{hm1} := 0.96 \qquad \eta_{v1} := 0.96$$

$$d := 16\ mm \qquad \zeta_{ges} := 3 \qquad l_R := 12\ m \qquad \rho := 900\ \frac{kg}{m^3} \qquad \nu := 20\ \frac{mm^2}{s}$$

(b) Nutzmoment des Motors

$$\Delta p_2 := 220\ bar \qquad M_{2max} := \frac{\Delta p_2 \cdot V_2 \cdot \eta_{hm2}}{2 \cdot \pi} = 122.4\ N \cdot m$$

(c) Erforderlicher Pumpenförderstrom und Volumeneinstellung der Pumpe

$$n_2 := 1000\ min^{-1} \qquad Q_e := V_2 \cdot \frac{n_2}{\eta_{v2}} = 38.8\ \frac{L}{min}$$

$$n_1 := 1100\ min^{-1} \qquad \alpha_1 := \frac{Q_e}{\eta_{v1} \cdot n_1 \cdot V_1} = 0.92$$

(d) Druckverluste

$$Q_{e1} := 43 \; \frac{L}{min} \qquad\qquad v := \frac{4 \cdot Q_{e1}}{\pi \cdot d^2} = 3.564 \; \frac{m}{s} \qquad\qquad Re := \frac{v \cdot d}{\nu} = 2852$$

$$\lambda_R := \frac{0.3164}{Re^{0.25}} = 0.043$$

$$\Delta p_V := \frac{\rho}{2} \; v^2 \cdot \left(\zeta_{ges} + \lambda_R \cdot \frac{l_R}{d} \right) + 2 \cdot \left(\frac{Q_{e1}}{30.4 \; \dfrac{l}{min}} \right)^2 \cdot 1 \; bar = 6.03 \; bar$$

(e) Antriebsmoment der Pumpe

$$\Delta p_{Vneu} := 5.1 \; bar$$

$$P_m := \frac{Q_{e1}}{\eta_{v1}} \cdot \frac{(\Delta p_2 + \Delta p_{Vneu})}{\eta_{hm1}} = 17.5 \; kW \qquad\qquad M_1 := \frac{P_m}{2 \cdot \pi \cdot n_1} = 152 \; N \cdot m$$

Arbeitsauftrag: Erstellen Sie eine Übersicht über Vor- und Nachteile von hydrostatischen Getrieben mit offenem bzw. geschlossenem Kreislauf.

4.6 Klausur: Hydrostatisches Getriebe mit geschlossenem Kreislauf

Lerninhalte

Komponenten, Systeme Hydrostatisches Getriebe mit geschlossenem Kreislauf: Diagramme für Motormoment und Differenzdruck als Funktion der Motordrehzahl

Programmieren Arbeiten mit Mathcad (z. B. Verwenden von Einheiten)

Aufgabenstellung

Es wird ein hydrostatisches Getriebe mit geschlossenem Kreislauf betrachtet. Für erste Berechnungen soll das Getriebe als verlustfrei angesehen werden. Eine Kollegin hat Ihnen die abgebildeten Kennlinien für Motordrehmoment M_2 und Druckdifferenz Δp zwischen Hochdruck und Niederdruck zur Verfügung gestellt (siehe unten).

Wie allgemein üblich, wird die Motordrehzahl n_2 erhöht, indem zuerst die Pumpe voll aufgeschwenkt wird und anschließend der Hydromotor zurückgeschwenkt wird. Die Pumpe dreht sich mit konstanter Drehzahl $n_1 = 1100 \; \text{min}^{-1}$.

Zeichnen Sie in <u>beide</u> Diagramme den Verstellbereich der Pumpe und den Verstellbereich des Motors ein.

Wie groß ist das maximale Schluckvolumen V_{2max} des Motors? Wie groß ist die maximal zur Verfügung stehende Antriebsleistung P_{max}? Wie groß ist das maximale Verdrängungsvolumen V_{1max} der Pumpe? Auf welchen Wert $\tilde{\alpha}_1$ ist die Pumpe maximal schwenkbar, wenn das Motordrehmoment seinen Maximalwert annehmen soll?

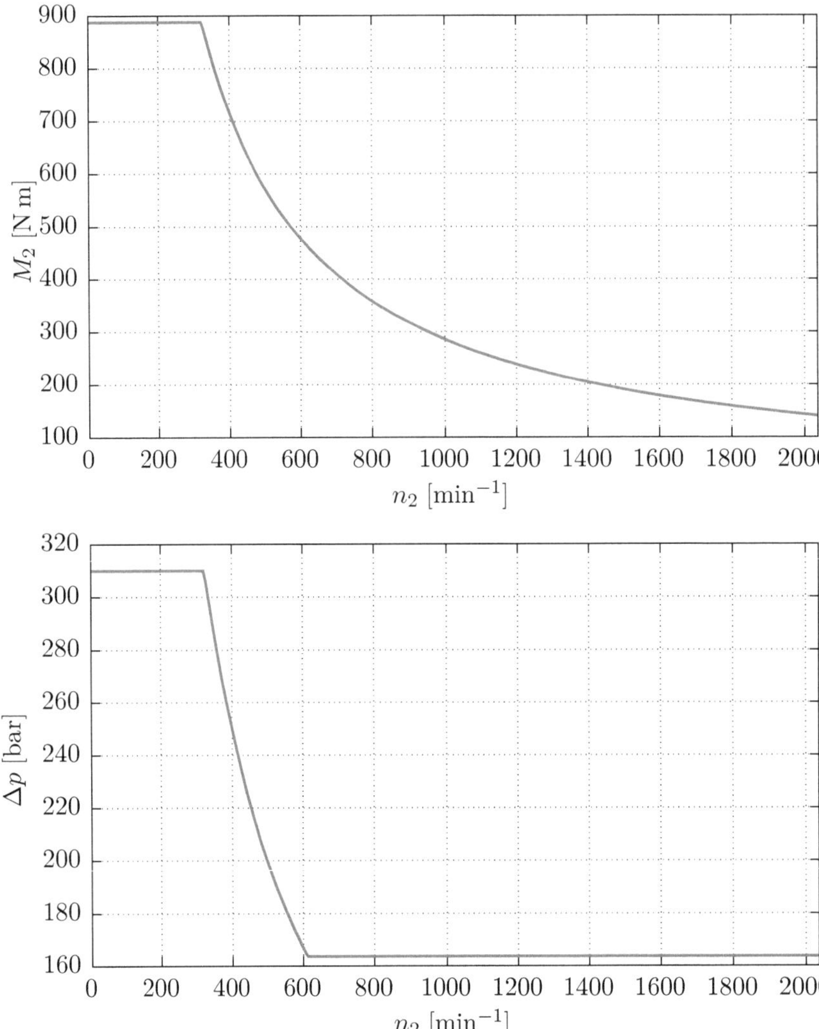

Lösung mit Mathcad

$$n_1 := 1100 \ min^{-1}$$

Aus den beiden Diagrammen werden die folgenden Werte (näherungsweise) abgelesen.

$$M_{2max} := 890 \ N \cdot m \qquad p_{max} := 310 \ bar \qquad p_{min} := 163 \ bar$$

$$n_{2K1} := 320 \ min^{-1} \qquad n_{2K2} := 610 \ min^{-1} \qquad n_{2max} := 2030 \ min^{-1}$$

Aus den abgelesenen Werten können die gesuchten Parameter des hydrostatischen Getriebes zurückgerechnet werden (unter der Annahme "ideales Getriebe").

$$P_{max} := M_{2max} \cdot 2 \cdot \pi \cdot n_{2K1} = 29.8 \ kW \qquad Q_{max} := \frac{P_{max}}{p_{min}} = 109.8 \ \frac{L}{min}$$

$$V_{2max} := \frac{Q_{max}}{n_{2K2}} = 180 \ cm^3 \qquad V_{1max} := \frac{Q_{max}}{n_1} = 100 \ cm^3$$

$$\alpha_{1K1} := \frac{V_{2max}}{V_{1max}} \cdot \frac{n_{2K1}}{n_1} = 0.525$$

Die Pumpe wird zuerst verstellt, dann der Motor. Der Verstellbereich der Pumpe endet am 2. Knick im Δp-n_2-Diagramm.

4.7 Klausur: Hydrostatisches Getriebe mit zwei Motoren

Lerninhalte

Komponenten, Systeme Hydrostatisches Getriebe mit offenem Kreislauf und zwei Motoren

Programmieren Arbeiten mit SMath Studio (z. B. Verwenden von Einheiten)

Aufgabenstellung

Es wird nun das unten abgebildete hydrostatische Getriebe mit zwei Hydromotoren und Summiergetriebe betrachtet (Zahlenwerte siehe SMath Studio).

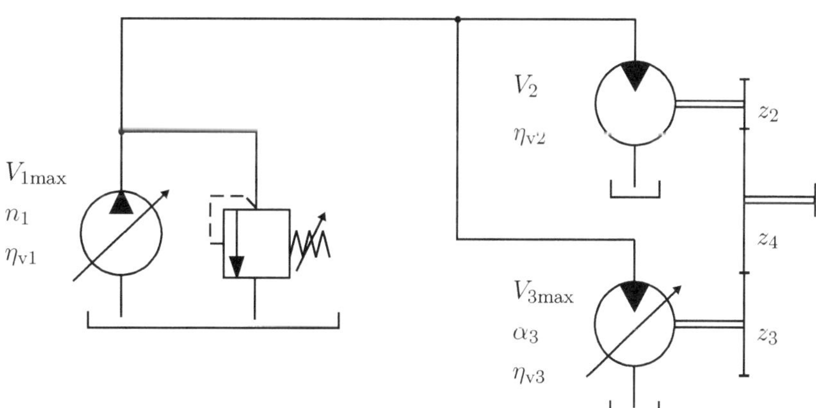

(a) Welche Volumeneinstellung α_3 am Motor 3 muss für das Erreichen der Maximaldrehzahl an der Abtriebswelle gewählt werden?

(b) Eine Kollegin behauptet, dass $z_4 n_4 = z_3 n_3 = z_2 n_2$ gilt. Hat Sie Recht? Erläutern Sie kurz.

(c) Wie groß ist die Maximaldrehzahl $n_{4,\mathrm{max}}$ an der Abtriebswelle?

Lösung mit SMath Studio

zu (a) Der <u>kleinstmögliche</u> Wert ist bei der Volumeneinstellung des Motors 3 zu wählen.

zu (b) Ja, die Kollegin hat Recht. Es folgt aus der Kinematik des Zahnradgetriebes. Alle Wellen sind im Gehäuse gelagert; es ist also kein Planetengetriebe mit umlaufenden Zahnrädern.

zu (c)

$$V_{1max} := 40 \ \mathrm{cm}^3 \qquad V_2 := 32 \ \mathrm{cm}^3 \qquad V_{3max} := 125 \ \mathrm{cm}^3 \qquad n_1 := 2200 \ \mathrm{min}^{-1}$$

$$\eta_{v1} := 0,92 \qquad \eta_{v2} := 0,95 \qquad \eta_{v3} := 0,95 \qquad \alpha_{3min} := 0,3$$

$$z_2 := 16 \qquad z_3 := 32 \qquad z_4 := 35$$

$$n_{4max} := \frac{V_{1max} \cdot n_1 \cdot \eta_{v1}}{\dfrac{V_2}{\eta_{v2}} \cdot \dfrac{z_4}{z_2} + \dfrac{V_{3max} \cdot \alpha_{3min}}{\eta_{v3}} \cdot \dfrac{z_4}{z_3}} = 692,8 \ \mathrm{min}^{-1}$$

5 Zylinder, Kinematik und Dynamik

In vielen Lehrbuchaufgaben ist die Berechnung der Kraft in der Kolbenstange einfach, da meist durch das Ausfahren des Zylinders ein einzelner Körper translatorisch bewegt wird. In den meisten praktischen Anwendungen (siehe Bagger) ist jedoch die Berechnung der Kräfte aus den statischen oder dynamischen Gleichungen eine herausfordernde Aufgabe. Die folgenden Aufgaben illustrieren dies, wobei im Vergleich zur Praxis die betrachteten Fälle immer noch als einfach zu bezeichnen sind.

5.1 Theoriefragen

- Wie sehen die Schaltzeichen für Hydrozylinder aus?

- Welcher Zusammenhang besteht zwischen Druck und Kraft bei statischer Belastung eines Zylinders? Welche Relevanz hat die Schwerkraft des Fluids (Höhenterm) bei der Berechnung der Drücke? Wie groß ist die Kraft in der Kolbenstange beim Ein- und Ausfahren in Abhängigkeit von den Drücken in Kolben- und Ringraum eines Zylinders bei Berücksichtigung der hydraulisch-mechanischen Wirkungsgrade? Wie hängen Ausfahrgeschwindigkeit des Kolbens und Volumenstrom zusammen?

- Worin besteht der Unterschied zwischen einem einfachwirkenden und einem doppeltwirkenden Zylinder? Worin besteht der Unterschied zwischen einem Differential- und einem Gleichgangzylinder?

- Skizzieren Sie ein Beispiel für eine Umstromungsschaltung für einen doppeltwirkenden Zylinder.

- Nennen Sie vier technische Anwendungen von Hydrozylindern (in stationären oder mobilen Anlagen).

5.2 Klausur: Hydraulikzylinder für die Rinne eines Betonmischers

Lerninhalte

Grundlagen Kompressibilität von Druckflüssigkeiten

Komponenten, Systeme Kenngrößen von Zylindern (Kolbendurchmesser, Kolbenstangendurchmesser, Wirkungsgrade, Leistung), Zusammenspiel Pumpe – Zylinder

Programmieren Arbeiten mit Mathcad (z. B. Verwenden von Einheiten)

Aufgabenstellung

Die Rinne eines Betonmischers ist wie dargestellt in A mit einem Festlager und in B über einen Hydraulikzylinder am Fahrzeug gelagert. Beachten Sie, dass der Angriffspunkt S der resultierenden Gewichtskraft $F_G = 2{,}2\,\text{kN}$ (Beton und Rinne) <u>nicht</u> auf der Geraden AB liegt.

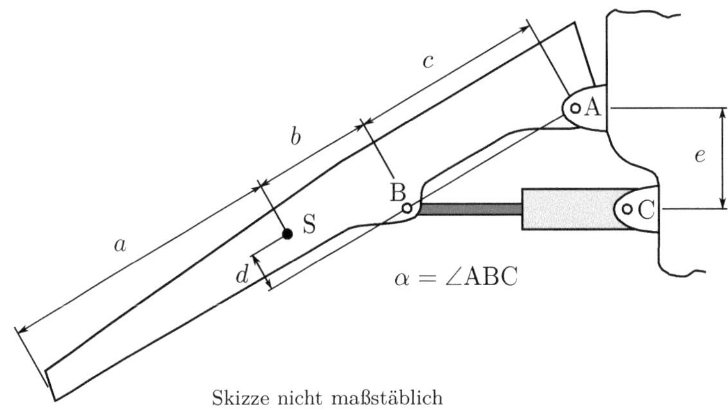

Skizze nicht maßstäblich

Es liegen u. a. die unten stehenden Zahlenwerte vor.

- Geometrie der Rinne: $a = 2{,}0\,\text{m}$, $b = 1{,}0\,\text{m}$, $d = 0{,}09\,\text{m}$, $\alpha = 30°$

- Hydraulikzylinder (Plungerzylinder): Kolbendurchmesser $d_K = 70\,\text{mm}$, maximale Kolbenstangenkraft $F_{\text{STmax}} = 9{,}422\,\text{kN}$

- Druckflüssigkeit: $\beta = 0{,}75\,\text{GPa}^{-1}$

Alle Aufgabenteile können unabhängig voneinander bearbeitet werden.

(a) Es soll der Zusammenhang zwischen der Gewichtskraft F_G und der Kraft in der Kolbenstange F_{ST} ermittelt werden. Zeichnen Sie einen geeigneten (ordentlich gezeichneten) Freischnitt für diese Berechnung, aus dem auch die relevanten Hebelarme klar hervorgehen.

Wie groß ist die Kraft in der Kolbenstange, wenn für die Abmessung e der Zahlenwert 50 cm gilt?

Für die resultierende Gewichtskraft F_G soll die Kolbenstangenkraft F_{ST} in der gezeichneten Lage den oben gegebenen Wert F_{STmax} nicht überschreiten. Wie groß ist demnach die Abmessung e mindestens zu wählen?

(b) Wie groß muss im statischen Fall und bei Vernachlässigung von Haftkräften der Druck auf den Kolben sein, damit sich die maximale Kolbenstangenkraft F_{STmax} einstellt?

Angenommen, der Kolbenraum des Zylinders hat in der gezeichneten Lage die Länge 250 mm und ist vollständig gefüllt, bevor die Kraft auf die Kolbenstange aufgebracht wird. Wie viel Hydraulikflüssigkeit muss nachgefüllt werden, um nach Aufbringen der Last die gezeigte Lage wieder zu erreichen? Erläutern Sie kurz die praktische Relevanz Ihres Ergebnisses.

(c) Nun soll die Kolbenstange mit einer Geschwindigkeit $v_K = 1{,}5\,\text{cm/s}$ ausfahren. Welcher Volumenstrom muss (unter Vernachlässigung der Kompressibilität) zum Zylinder fließen?

Lösung mit Mathcad

Zuerst wird ein Freischnitt der Betonrinne erstellt. Die Kolbenstangenkraft ist als Druckkraft eingezeichnet.

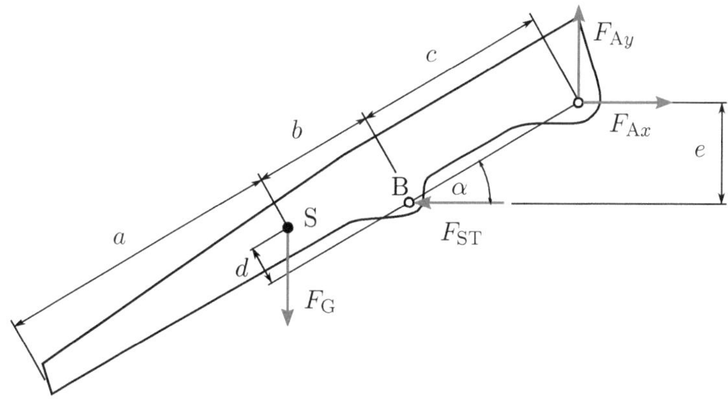

Das Momentengleichgewicht bezüglich A lautet

$$0 = -F_{ST}e + F_G(b + c)\cos\alpha + F_G d \sin\alpha \, . \tag{5.1}$$

(a) Kolbenstangenkraft für gegebene Abmessung e und Abmessung e für gegebene Kolbenstangenkraft

$$a := 2\ m \qquad b := 1\ m \qquad d := 0.09\ m \qquad \alpha := 30° \qquad F_G := 2.2\ kN$$

$$e := 50\ cm \qquad c := \frac{e}{\sin(\alpha)} = 1\ m$$

$$F_{ST} := F_G \cdot \frac{(b+c)\cdot\cos(\alpha) + d\cdot\sin(\alpha)}{e} = 7.82\ kN$$

$$F_{STmax} := 9.42\ kN$$

$$e_{min} := \frac{F_G \cdot (b\cdot\cos(\alpha) + d\cdot\sin(\alpha))}{F_{STmax} - \dfrac{F_G}{\tan(\alpha)}} = 35.7\ cm$$

(b) Druck am Kolben und Kompressibilitätseffekte

$$d_K := 70\ mm \qquad L_K := 250\ mm \qquad \beta := \frac{0.75}{GPa} \qquad \frac{1}{\beta} = 1.333\ GPa$$

$$A_K := \frac{\pi}{4} \cdot d_K^{\ 2} = 38.485\ cm^2$$

$$p_K := \frac{F_{STmax}}{A_K} = 24.5\ bar$$

$$\Delta V := A_K \cdot L_K \cdot p_K \cdot \beta = 1.77\ cm^3 \qquad p_K \cdot \beta = 0.18\% \qquad L_K \cdot p_K \cdot \beta = 0.5\ mm$$

Die Längenänderung macht 0,2% bzw. 0,5 mm aus und ist in der praktischen Anwendung der Rinnenlagerung irrelevant.

(c) Volumenstrom bei gegebener Ausfahrgeschwindigkeit

$$v_K := 1.5\ \frac{cm}{s} \qquad Q_e := A_K \cdot v_K = 3.46\ \frac{l}{min}$$

5.3 Klausur: Hydraulikzylinder in einem Kran

Lerninhalte

Grundlagen Kompressibilität von Druckflüssigkeiten

Komponenten, Systeme Kenngrößen von Zylindern (Kolbendurchmesser, Kolbenstangendurchmesser, Wirkungsgrade, Leistung), Zusammenspiel Pumpe – Zylinder

Programmieren Arbeiten mit Mathcad (z. B. Verwenden von Einheiten)

Aufgabenstellung

Im folgenden wird ein hydraulisch angetriebener Kran in einer Lagerhalle untersucht. Folgende Angaben zu den geometrischen Abmessungen sind gegeben $a = 3$ m, $b = 0{,}5$ m, $c = 5$ m, $\alpha = 70°$.

Zuerst wird der abgebildete Gleichgewichtszustand des Krans untersucht. Die Durchmesser des Hydraulikzylinders 1 werden mit D_1 (Innendurchmesser des Zylinders) und d_1 (Kolbenstangendurchmesser) bezeichnet.

Folgende Werte sind gegeben: $D_1 = 65{,}0$ mm, $d_1 = 40{,}0$ mm, $p_{K1} = 2{,}0$ bar und $F_G = 3000$ N.

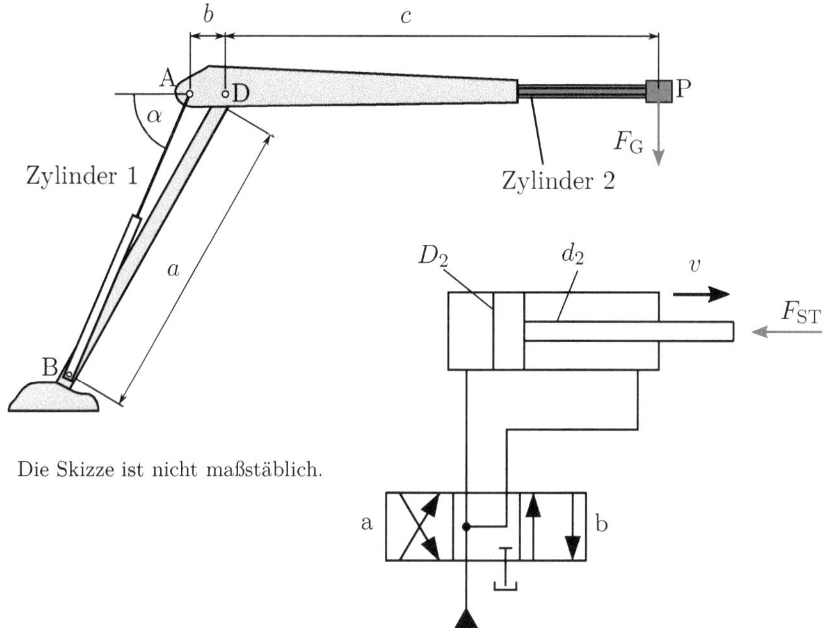

(a) Wie groß ist die Kraft in der Kolbenstange des Hydraulikzylinders 1 in der abgebildeten Gleichgewichtslage (unter der Wirkung von F_G bei Vernachlässigung des Eigengewichtes der Bauteile)?

(b) Wie groß ist der Druck $p_{\mathrm{KR}1}$ im Ringraum in der abgebildeten Gleichgewichtslage? Es wird angenommen, dass keine nennenswerte Haftkraft im Hydraulikzylinder 1 auftritt. Der Druck im Kolbenraum sei im abgebildeten Gleichgewichtszustand $p_{\mathrm{K}1}$.

(c) Ist die Kompressibilität des Hydrauliköls im vorliegenden Fall relevant?

Jetzt wird das Ausfahren des Zylinders 2 betrachtet. Die Durchmesser des Zylinders 2 werden mit D_2 (Innendurchmesser des Zylinders) und d_2 (Kolbenstangendurchmesser) bezeichnet. Zylinder 2 wird wie rechts abgebildet über ein 4/3-Wegeventil gesteuert. Eine Pumpe fördert einen konstanten Volumenstrom Q_e in den Hydraulikzylinder 2.

Folgende Werte sind gegeben: $D_2 = 40{,}0$ mm, $d_2 = 20{,}0$ mm, $Q_\mathrm{e} = 6{,}0$ l/min, $F_\mathrm{ST} = 500$ N, $\Delta p_{\mathrm{RT}} = 2{,}0$ bar und $n_1 = 1600$ min^{-1}.
Für die hydraulisch-mechanischen Wirkungsgrade des Zylinders 2 gilt $\eta_{\mathrm{hm,K}} = 0{,}98$ und $\eta_{\mathrm{hm,ST}} = 0{,}90$. Der volumetrische Wirkungsgrad der Pumpe ist $\eta_\mathrm{v} = 0{,}95$.

(d) Wie groß ist bei Vernachlässigung von Leckage die Ausfahrgeschwindigkeit des Zylinders in Schaltstellung b? Wie groß ist bei Vernachlässigung von Leckage die Ausfahrgeschwindigkeit des Zylinders im Eilgang?

(e) Wie groß ist der Druck im Kolbenraum beim Ausfahren des Zylinders in Schaltstellung b? Die gegebenen hydraulisch-mechanischen Wirkungsgrade sind zu berücksichtigen. Im Ringraum ist der Druck Δp_{RT}. Die Kraft in der Kolbenstange ist für den betrachteten Ausfahrvorgang mit F_{ST} angegeben. Die Kraft wirkt entgegen der Bewegung der Kolbenstange.

(f) Wie groß ist der theoretische Volumenstrom Q_i der Pumpe im betrachteten Fall, wenn nur Zylinder 2 mit Hydrauliköl versorgt werden muss und keine Leckage im Leitungssystem vorliegt? Wie groß ist das Verdrängungsvolumen der Pumpe bei der gegebenen Drehzahl n_1, wenn die Pumpe im betrachteten Fall auf $\alpha_{\mathrm{P}} = 0{,}30$ geschwenkt ist?

Lösung mit Mathcad

Zuerst wird ein Freischnitt des oberen Kranteils erstellt. Das Momentengleichgewicht um den Punkt D liefert unmittelbar eine Gleichung für die Kolbenstangenkraft F_{H} in Abhängigkeit von der äußeren Kraft F_{G}.

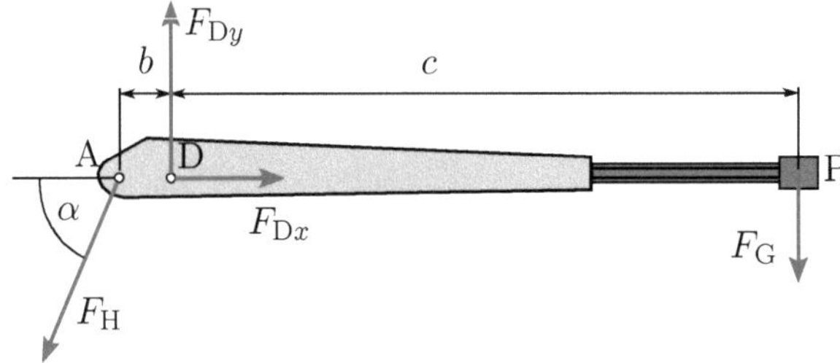

$$a := 3 \ m \qquad b := 0.5 \ m \qquad c := 5 \ m \qquad \alpha := 70 \ °$$

$$D_1 := 65 \ mm \qquad d_1 := 40 \ mm \qquad p_{K1} := 2 \ bar \qquad F_G := 3000 \ N$$

$$D_2 := 40 \ mm \qquad d_2 := 20 \ mm \qquad Q_e := 6 \ \frac{L}{min} \qquad F_{ST} := 500 \ N$$

$$\Delta p_{RT} := 2 \ bar \qquad n_1 := 1600 \ min^{-1}$$

$$\eta_{hmK} := 0.98 \qquad \eta_{hmST} := 0.9 \qquad \eta_v := 0.95$$

(a) Kraft in der Kolbenstange

$$F_H := F_G \cdot \frac{c}{b \cdot \sin(\alpha)} = 31.93 \ kN$$

(b) Druck im Ringraum (bei Vernachlässigung einer Haftkraft)

$$A_{KR1} := \frac{\pi}{4} \cdot \left(D_1{}^2 - d_1{}^2\right) = 20.617 \ cm^2 \qquad A_{K1} := \frac{\pi}{4} \cdot D_1{}^2 = 33.183 \ cm^2$$

$$p_{KR1} := \frac{F_H}{A_{KR1}} + p_{K1} \cdot \frac{A_{K1}}{A_{KR1}} = 158.1 \ bar$$

zu (c) Die Kompressibilität des Hydrauliköls ist im vorliegenden Fall nicht relevant. Es kommt bei einem einfachen Werkstattkran weder auf höchste Präzision bei der Positionierung an noch sind im betrachteten Fall dynamische Effekte von Interesse.

(d) Ausfahrgeschwindigkeit in Schaltstellung b und im Eilgang

$$A_{K2} := \frac{\pi}{4} \cdot D_2{}^2 = 12.566 \ cm^2 \qquad A_{KR2} := \frac{\pi}{4} \cdot \left(D_2{}^2 - d_2{}^2\right) = 9.425 \ cm^2$$

$$v_{AV} := \frac{Q_e}{A_{K2}} = 7.96 \ \frac{cm}{s} \qquad v_{EV} := \frac{Q_e}{A_{K2} - A_{KR2}} = 31.831 \ \frac{cm}{s}$$

(e) Druck im Kolbenraum bei der Ausfahrbewegung

$$p_{KR2} := \Delta p_{RT} \qquad p_{K2} := \left(F_{ST} + \frac{p_{KR2} \cdot A_{KR2}}{\eta_{hmST}}\right) \cdot \frac{1}{\eta_{hmK} \cdot A_{K2}} = 5.76 \ bar$$

(f) Theoretischer Volumenstrom der Pumpe und Verdrängungsvolumen der Pumpe

$$Q_i := \frac{Q_e}{\eta_v} = 6.32 \ \frac{L}{min} \qquad\qquad Q_i - Q_e = 0.32 \ \frac{L}{min}$$

$$\alpha_P := 0.3 \qquad V_i := \frac{Q_i}{\alpha_P \cdot n_1} = 13.2 \ cm^3$$

5.4 Kinematik und Dynamik einer Neigevorrichtung

Lerninhalte

Grundlagen Kinematik und Dynamik einer Vorrichtung mit Freiheitsgrad 1, Naturgesetze: Prinzip von d'Alembert in der Fassung von Lagrange bzw. Prinzip der virtuellen Verrückung, Bilanz der kinetischen Energie, Momentengleichung

Programmieren Arbeiten mit Python (z. B. Verwenden von Einheiten)

Aufgabenstellung

Das unten abgebildete System zeigt eine Neigevorrichtung, wie sie in vielzähligen Anwendungen vorkommt – im Kipplaster, als Neigetisch etc. Die Aufgabe verdeutlicht, welche Kenntnisse der Kinematik und Dynamik (Statik und Kinetik) für die Bearbeitung von Aufgaben mit Zylindern typischerweise notwendig sind.

Kinematik: Bestimmen Sie den kinematischen Zusammenhang zwischen Neigungswinkel φ und Zylinderlänge s. Wie lang ist der Zylinder für die horizontale Lage des Tisches? Geben Sie den Zusammenhang zwischen Winkelgeschwindigkeit $\dot{\varphi}$ und Kolbengeschwindigkeit $\dot{s}$ an.

Dynamik: Wie lässt sich die Kraft F_H in der Kolbenstange für beliebige Winkel ausrechnen? Geben Sie den Zahlenwert für F_H für den Spezialfall $\varphi = 30°$ an.

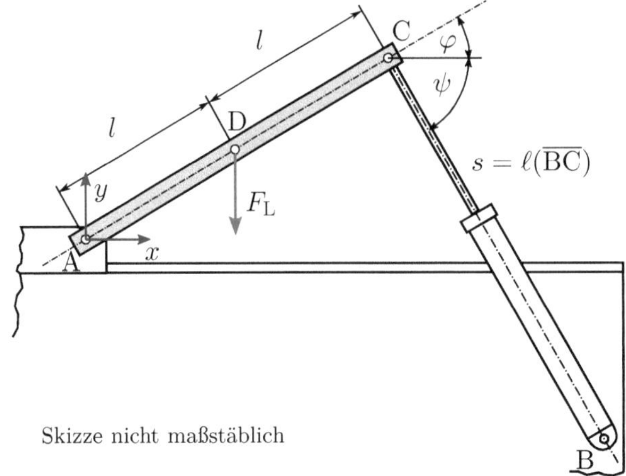

Skizze nicht maßstäblich

Die Lage des Gelenkes B ist im eingezeichneten Koordinatensystem gegeben durch $(x_\mathrm{B}, y_\mathrm{B})$, wobei offensichtlich $y_\mathrm{B} < 0$ gilt. Die Kraft $F_\mathrm{L} = F$ (Angriffspunkt D) wirkt stets senkrecht nach unten. Folgende Zahlenwerte sind gegeben: $F = 5{,}5\,\mathrm{kN}$, $l = 0{,}3\,\mathrm{m}$, $x_\mathrm{B} = 0{,}75\,\mathrm{m}$ und $y_\mathrm{B} = -0{,}3\,\mathrm{m}$.

Lösung über das Prinzip der virtuellen Verrückungen

Die Berechnung soll in Python mit Einheiten erfolgen. Dazu wird `pint` geladen.

```python
from math import sin, cos, radians, atan, pi, degrees
import numpy as np
import pint
ureg = pint.UnitRegistry()


xB = 0.75*ureg.meter
yB = -0.3*ureg.meter
L = 0.3*ureg.meter
F = 5.5*ureg.kilonewton
```

Es werden die folgenden Hilfsgrößen eingeführt:

$$\vartheta = \arctan\left(-\frac{y_\mathrm{B}}{x_\mathrm{B}}\right) \approx 21{,}8° \;,$$

$$c = \ell(\overline{\mathrm{AB}}) = \sqrt{x_\mathrm{B}^2 + y_\mathrm{B}^2} \approx 0{,}808\,\mathrm{m}\;,$$

$$\lambda = \frac{c}{l} \approx 2{,}693\;.$$

Der Winkel ϑ gibt die Neigung der Geraden AB gegenüber der x-Achse an (siehe Geometrieskizze).

```
theta = atan(-yB/xB)
c = (xB**2 + yB**2)**0.5
lambda_c = c/L
```

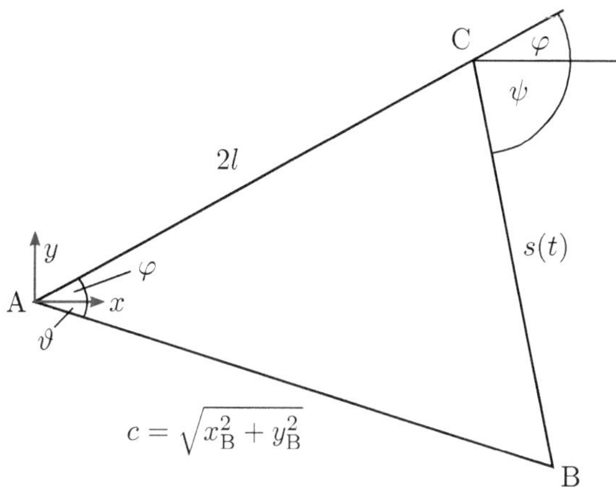

Aus dem Cosinussatz ergibt sich der kinematische Zusammenhang zwischen der Länge $s = \ell(\overline{\mathrm{BC}})$ des Hydraulikzylinders und dem Neigungswinkel φ:

$$s^2 = 4l^2 + c^2 - 4lc\cos(\varphi + \vartheta) \tag{5.2}$$

```
s0 = (4*L**2 + c**2 - 4*L*c*cos(0 + theta))**0.5
```

Für den Spezialfall $\varphi = 0$ (horizontale Lage) ergibt sich für die Länge $s_0 = s(\varphi = 0) \approx$ 0,34 m. Aus der kinematischen Bindungsgleichung (5.2) ergibt sich durch Ableiten die Winkelgeschwindigkeit $\dot\varphi$.

$$\dot\varphi = \frac{s\dot s}{2lc\sin(\varphi + \vartheta)} \tag{5.3}$$

Wenn die Winkelgeschwindigkeit (bei gegebener Kolbengeschwindigkeit $v_{\mathrm{K}} = \dot s$) nur als Funktion des Winkels φ ausgedrückt werden soll, muss s aus der Formel (5.3) eliminiert werden. Es ergibt sich

$$\dot\varphi = \frac{\sqrt{\frac{1}{\lambda} + \frac{\lambda}{4} - \cos(\varphi + \vartheta)}}{\sqrt{\lambda}\sin(\varphi + \vartheta)}\frac{\dot s}{l} = \frac{\sqrt{C_1 - \cos(\varphi + \vartheta)}}{C_2\sin(\varphi + \vartheta)}\frac{\dot s}{l} \tag{5.4}$$

mit zwei Konstanten C_1 und C_2.

```
C1 = 1/lambda_c + 0.25*lambda_c
C2 = lambda_c**0.5
```

Für die quasistatische Hubbewegung ergibt sich für die virtuelle Arbeit

$$\delta W = -F\delta y_{\mathrm{D}} + F_{\mathrm{H}}\delta s\,, \tag{5.5}$$

wobei F_H die Druckkraft in der Kolbenstange des Zylinders ist. Für die quasistatische Hubbewegung entfallen die Trägheitsterme nach d'Alembert.

Mit der Kinematik für die Vertikalbewegung von D,

$$y_\text{D} = l \sin\varphi \quad \rightarrow \quad \delta y_\text{D} = l \cos\varphi\, \delta\varphi \tag{5.6}$$

ergibt sich für die virtuelle Arbeit

$$\delta W = -Fl \cos\varphi\, \delta\varphi + F_\text{H} \frac{2lc \sin(\varphi + \vartheta)}{s} \delta\varphi \;. \tag{5.7}$$

Alle Terme enthalten den Faktor $\delta\varphi$, der somit ausgeklammert werden kann. Da $\delta W = 0$ sein muss für beliebige virtuelle Verrückungen $\delta\varphi$, ergibt sich die Kolbenstangenkraft zu

$$F_\text{H} = F \frac{s \cos\varphi}{2c \sin(\varphi + \vartheta)} \;. \tag{5.8}$$

Exemplarisch wird für den Winkel $\varphi_1 = 30°$ die Kraft in der Kolbenstange berechnet. Es ergibt sich $F_\text{H} = 2{,}41\,\text{kN}$. Zum Vergleich: für $\varphi = 0°$ ergibt sich $F_\text{H} \approx 3{,}1\,\text{kN}$.

```
phi_1 = pi/6.0
faktor_VV = C2*sin(phi_1+theta)/(C1 - cos(phi_1+theta))**0.5
s_1 = (4*L**2 + c**2 - 4*L*c*cos(phi_1 + theta))**0.5
FH = F*s_1*cos(phi_1)/(2*c*sin(phi_1+theta))
```

Arbeitsauftrag: Programmieren Sie die Lösung selbständig in Python. Erstellen Sie ein Diagramm, dass die Abhängigkeit der Kolbenstangenkraft vom Neigungswinkel φ zeigt. Überzeugen Sie sich von der Richtigkeit der beiden genannten Ergebnisse.

Lösung über die Bilanz der kinetischen Energie

Alternativ kann auch die Bilanz der kinetischen Energie

$$\dot{E}_\text{kin} = P_\text{e} - P_\text{i} \tag{5.9}$$

geschrieben werden. Für die quasistatische Hubbewegung ergibt sich hier der denkbar einfache Ausdruck

$$-Fv_{\text{D}y} + F_\text{H}\dot{s} = 0 \;, \tag{5.10}$$

der analog zu Gleichung (5.5) für die virtuelle Arbeit ist. Mit $v_{\text{D}y} = \dot{y}_\text{D} = l\dot{\varphi}\cos\varphi$ und der kinematischen Beziehung (5.3) folgt das bekannte Ergebnis für die Kolbenstangenkraft F_H.

Lösung über die Momentengleichung

Eine weitere Alternative ist die Berechnung der Kolbenstangenkraft über das Momentengleichgewicht um den Punkt A. Dazu ist vorab ein Freischnitt anzufertigen, der die Lagerkräfte in A, die äußere Last F und die Kolbenstangenkraft F_H zeigt. Das Momentengleichgewicht bezüglich A lautet dann

$$2F_\mathrm{H}l\sin(\varphi + \psi) - Fl\cos\varphi = 0 \,. \tag{5.11}$$

Die Größe des Winkels ψ kann z. B. mit dem Sinussatz aus dem Dreieck ABC gewonnen werden.

Arbeitsauftrag: Bestimmen Sie den Winkel ψ als Funktion des Neigungswinkels φ und ermitteln Sie anschließend die Kolbenstangenkraft als Funktion des Neigungswinkels. Vergleichen Sie Ihr Ergebnis mit der Lösung nach dem Prinzip der virtuellen Verrückungen oder der Bilanz der kinetischen Energie.

5.5 Klausur: Hydraulikzylinder für die Neigevorrichtung einer Blechtafelschere

Die folgende Klausuraufgabe basiert auf der vorangegangenen Aufgabe. Wesentliche Teile der Kinematik sind bereits gegeben. Beachten Sie, dass die Größen x_B und y_B in dieser Aufgabe weder bekannt noch notwendig sind.

Lerninhalte

Grundlagen Kompressibilität von Druckflüssigkeiten

Komponenten, Systeme Kenngrößen von Zylindern (Kolbendurchmesser, Kolbenstangendurchmesser, Wirkungsgrade, Leistung), Zusammenspiel Pumpe – Zylinder

Programmieren Arbeiten mit Mathcad (z. B. Verwenden von Einheiten)

Aufgabenstellung

Der abgebildete Tisch einer Blechtafelschere ist hydraulisch neigbar. Die Last F_L greift im Punkt D an und wirkt stets senkrecht nach unten. Der Kolben des Hydraulikzylinders BC hat den Durchmesser D, die Kolbenstange den Durchmesser d. Die hydraulisch-mechanischen Wirkungsgrade des Zylinders sind η_hmK und η_hmST.

Die angeschlossene Pumpe hat das Verdrängungsvolumen V_i, den volumetrischen Wirkungsgrad η_vP und den hydraulisch-mechanischen Wirkungsgrad η_hmP.

Folgende Zahlenwerte liegen vor: $l = 0{,}3\,\mathrm{m}$, $D = 5\,\mathrm{cm}$, $d = 2\,\mathrm{cm}$, $\eta_\mathrm{hmK} = 0{,}95$, $\eta_\mathrm{hmST} = 0{,}90$, $V_\mathrm{i} = 100\,\mathrm{cm}^3$, $\eta_\mathrm{vP} = 0{,}94$, $\eta_\mathrm{hmP} = 0{,}93$.

Skizze der Vorrichtung

Lösung der kinematischen Aufgabe

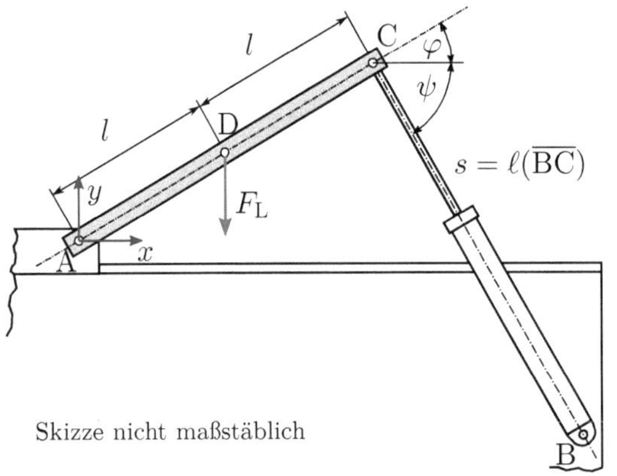

Skizze nicht maßstäblich

$\varphi\,[°]$	$s\,[\mathrm{m}]$	$\dot\varphi\,l/\dot s$	$\psi\,[°]$
0,0	0,335	0,5590	63,435
7,5	0,409	0,5171	67,703
15,0	0,486	0,5023	69,476
22,5	0,565	0,5004	69,723
30,0	0,643	0,5062	68,994

(a) Die Kolbenstange fährt mit der Geschwindigkeit $\dot s = v_{\mathrm{K}} = 10\,\mathrm{cm/s}$ aus. Wie groß ist der in den Kolbenraum einströmende Volumenstrom? Mit welcher Drehzahl arbeitet demnach die Pumpe?

Eine Kollegin hat die kinematische Analyse der Vorrichtung bereits erledigt und stellt Ihnen die abgebildete Tabelle zur Verfügung (siehe oben). Benutzen Sie für die folgenden Aufgabenteile die in der Tabelle vorliegenden Ergebnisse.

(b) Wie lange dauert der Kippvorgang von $\varphi = 0°$ auf $\varphi = 30°$?

(c) In der Kolbenstange wirkt maximal die Kraft $F_{\mathrm{ST}} = 5{,}5\,\mathrm{kN}$. Wie groß darf die Last F_{L} maximal sein, damit die gewünschte Neigebewegung möglich ist? Erläutern Sie mit geeigneten Formeln und ggf. Freischnittskizze und erwähnen Sie, welcher Neigungswinkel φ für die Berechnung der maximalen Last relevant ist.

(d) Welcher Druck liegt maximal im Kolbenraum an, wenn im Ringraum stets der Druck $p_{\mathrm{KR}} = 2{,}0\,\mathrm{bar}$ wirkt?

Um wie viel Prozent verschiebt sich der Kolben für den berechneten Druck im Vergleich zum unbelasteten Zustand bei vollständiger Füllung des verfügbaren Kolbenraums? Es gilt $\beta = 0{,}75\,\mathrm{GPa}^{-1}$.

Lösung mit Mathcad

Vorbemerkung zu (c): Für den Winkel $\varphi = 0$ (horizontale Lage) ist bei gegebener Last F_{L} die Kraft in der Kolbenstange am größten. Entsprechend ergibt sich bei gegebener maximaler Kraft in der Kolbenstange die zulässige äußere Last ebenfalls aus der horizontalen Lage[1]. Die Größe $\dot\varphi\,l/\dot s$ wird in der Mathcad-Berechnung mit χ bezeichnet.

---

[1] In der Mathcad-Lösung werden die Kräfte für die Winkel 15° und 30° zu Vergleichszwecken ebenfalls errechnet. Das war in der Klausur nicht notwendig.

(a) Volumenstrom in den Kolbenraum und Pumpendrehzahl

$$D := 5 \ cm \qquad v_K := 10 \ \frac{cm}{s} \qquad Q_e := v_K \cdot \frac{\pi}{4} \ D^2 = 11.78 \ \frac{l}{min}$$

$$V_i := 100 \ cm^3 \qquad \eta_{vP} := 0.94 \qquad n_P := \frac{Q_e}{\eta_{vP} \cdot V_i} = 125.3 \ \frac{1}{min}$$

(b) Dauer des Kippvorganges

$$t_{NB} := \frac{0.643 \ m - 0.335 \ m}{v_K} = 3.1 \ s$$

(c) Maximale Last

$$l := 0.3 \ m \qquad \chi_0 := 0.559 \qquad \chi_{15} := 0.5023 \qquad \chi_{30} := 0.5062 \qquad F_{ST} := 5.5 \ kN$$

$$F_{L0} := \frac{F_{ST}}{\chi_0 \cdot \cos\left(0°\right)} = 9.8 \ kN \qquad\qquad F_{L15} := \frac{F_{ST}}{\chi_{15} \cdot \cos\left(15°\right)} = 11.3 \ kN$$

$$F_{L30} := \frac{F_{ST}}{\chi_{30} \cdot \cos\left(30°\right)} = 12.5 \ kN$$

(d) Druck im Kolbenraum

$$d := 2 \ cm \qquad \eta_{hmST} := 0.9 \qquad \eta_{hmK} := 0.95 \qquad \beta := 0.75 \ GPa^{-1}$$

$$p_{KR} := 2 \ bar \qquad A_{KR} := \frac{\pi}{4} \cdot \left(D^2 - d^2\right) = 16.493 \ cm^2 \qquad A_K := \frac{\pi}{4} \cdot D^2 = 19.635 \ cm^2$$

$$p_K := \frac{\left(F_{ST} + p_{KR} \cdot \dfrac{A_{KR}}{\eta_{hmST}}\right)}{A_K \cdot \eta_{hmK}} = 31.45 \ bar$$

$$p_K \cdot \beta = 0.002$$

Die kompressionsbedingte Verschiebung beträgt 0,2%.

5.6 Kinematik und Dynamik einer Kippvorrichtung

Lerninhalte

Grundlagen Kinematik und Dynamik einer Vorrichtung mit Freiheitsgrad 1, Naturgesetze: Prinzip von d'Alembert in der Fassung von Lagrange bzw. Prinzip der virtuellen Verrückung, Bilanz der kinetischen Energie, Momentengleichung

Programmieren Funktionen in SMath Studio, Diagramme

Aufgabenstellung

Es wird die abgebildete Kippvorrichtung näher untersucht. Das Bauteil BC ist mit dem Behälter verschweißt. Eine Drehbewegung von BC um den raumfesten Punkt C bedeutet somit auch eine Drehung des Behälters. Der Kippwinkel φ misst die Verdrehung des Bauteils BC gegenüber der Vertikalen. Es gilt $b = \ell(\overline{BC}) = 30\,\mathrm{cm}$, $x_\mathrm{S} = b$ und $y_\mathrm{C} = x_\mathrm{A} = 3b$. Zudem wird die Bezeichnung $a = \ell(\overline{AC})$ eingeführt.

Der Punkt S ist der Massenmittelpunkt des Behälters. Der Behälter hat (einschließlich seines Inhaltes) die Masse $m = 500\,\mathrm{kg}$ und das Massenträgheitsmoment $J_\mathrm{S} = 45\,\mathrm{kg\,m^2}$ bezüglich des Massenmittelpunktes. Für die Berechnungen soll zunächst davon ausgegangen werden, dass für das berechnete Zeitintervall keine Änderung der Masse und Masseverteilung im oberen Behälter stattfindet. Die Masse der anderen Bauteile soll für eine erste Berechnung vernachlässigt werden.

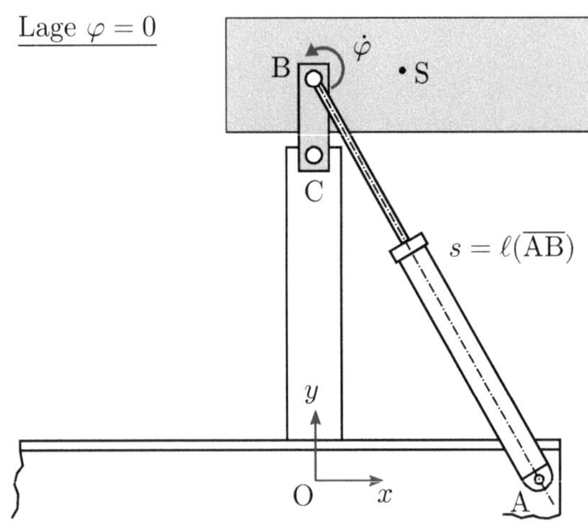

Skizze nicht maßstäblich

Berechnen Sie für beliebige Winkel $0 \leq \varphi \leq 35°$ die Kraft F_ST in der Kolbenstange und erstellen Sie Diagramme, die die Kraft in der Kolbenstange als Funktion des Winkels φ bzw. als Funktion der Zylinderlänge s zeigen. Rechnen Sie mit $v = \dot{s} = 10\,\mathrm{mm/s}$.

Nutzen Sie für die Winkelgeschwindigkeit $\dot{\varphi}$ und die Winkelbeschleunigung $\ddot{\varphi}$ des Behälters die Gleichungen

$$\dot{\varphi} = \frac{2s\dot{s}}{\chi b^2} \tag{5.12}$$

$$\ddot{\varphi} = \left[2 + \frac{4}{\chi^2}\left(\frac{s}{b}\right)^2\left[\left(\frac{s}{b}\right)^2 - 19\right]\right]\frac{\dot{s}^2}{\chi b^2}\,, \tag{5.13}$$

wobei bereits $\ddot{s} = 0$ berücksichtigt wurde und die Abkürzung

$$\chi = \sqrt{72 - \left[\left(\frac{s}{b}\right)^2 - 19\right]^2} = 6\left(\cos\varphi - \sin\varphi\right) \tag{5.14}$$

benutzt wird. Zudem gilt

$$\dot{y}_\mathrm{S} = b\dot{\varphi}\left(\cos\varphi - \sin\varphi\right) . \tag{5.15}$$

Lösung mit SMath Studio

Für die virtuelle Arbeit δW gilt bei Vernachlässigung des Eigengewichtes des Hydraulikzylinders

$$\delta W = -J_\mathrm{C}\dot{\omega}\delta\varphi - F_\mathrm{G}\delta y_\mathrm{S} + F_\mathrm{ST}\delta s , \tag{5.16}$$

wobei die Kolbenstangenkraft als Druckkraft positiv angenommen wurde. Aus den kinematischen Beziehungen (5.12) und (5.15) folgt für die virtuellen Verrückungen

$$\delta\varphi = \frac{2s}{\chi b^2}\delta s \tag{5.17}$$

$$\delta y_\mathrm{S} = b(\cos\varphi - \sin\varphi)\delta\varphi = \frac{b\chi}{6}\delta\varphi = \frac{s}{3b}\delta s . \tag{5.18}$$

Einsetzen und die Forderung „Virtuelle Arbeit ist identisch Null für beliebige Werte der virtuellen Verrückung δs" führt auf die Kraft in der Kolbenstange,

$$F_\mathrm{ST} = J_\mathrm{C}\ddot{\varphi}\frac{2s}{\chi b^2} + F_\mathrm{G}\frac{s}{3b} . \tag{5.19}$$

Mit $J_\mathrm{C} = J_\mathrm{S} + 2mb^2$ und $\ddot{\varphi}$ aus Gleichung (5.13) folgt das finale Ergebnis für die Kolbenstangenkraft. Alternativ kann das Ergebnis auch über die Bilanz der kinetischen Energie oder die Momentengleichung gewonnen werden.

Arbeitsauftrag: Zeigen Sie die Richtigkeit der Gleichungen (5.12) bis (5.15). Leiten Sie das Ergebnis für die Kolbenstangenkraft über die Bilanz der kinetischen Energie oder über die Momentengleichung her. Begründen Sie unter Nutzung des Begriffs „Statische Bestimmtheit", warum die Kraft für zunehmende Kippwinkel stark steigt. Für welchen Wert des Kippwinkels wächst die Kraft ins Unendliche?

Anmerkung zum Diagramm in SMath Studio: Die 2D-Diagramme in SMath Studio nutzen stets die Größe x als unabhängige Variable (unabhängig davon, welche physikalische Größe gemeint ist). Das kann leicht zu Missverständnissen führen.

Winkelgeschwindigkeit und Winkelbeschleunigung

$$\chi(s) := \sqrt{72 - \left(\left(\left(\frac{s}{b}\right)^2 - 19\right)^2\right)} \qquad b := 30 \ \text{cm} \qquad s_0 := 5 \cdot b = 1,5 \ \text{m}$$

$$\omega(s) := \frac{2 \cdot s \cdot v}{\chi(s) \cdot b^2} \qquad \alpha(s\ ;\ v) := \left(2 + \frac{4}{\chi(s)^2} \cdot \left(\frac{s}{b}\right)^2 \cdot \left(\left(\frac{s}{b}\right)^2 - 19\right)\right) \cdot \frac{v^2}{\chi(s) \cdot b^2}$$

Kolbenstangenkraft

$$J_S := 45 \ \text{kg m}^2 \qquad m := 500 \ \text{kg} \qquad v_K := 10 \ \frac{\text{mm}}{\text{s}} \qquad F_G := m \cdot 9,81 \ \frac{\text{m}}{\text{s}^2}$$

$$F_{ST}(s\ ;\ v) := \left(J_S + 2 \cdot m \cdot b^2\right) \cdot \alpha(s\ ;\ v) \cdot \frac{2 \cdot s}{\chi(s) \cdot b^2} + F_G \cdot \frac{s}{3 \cdot b}$$

$$F_{ST}\left(s_0\ ;\ v_K\right) = 8177,59 \ \text{N} \qquad F_{ST}\left(s_0\ ;\ 0 \ \frac{\text{m}}{\text{s}}\right) = 8175 \ \text{N}$$

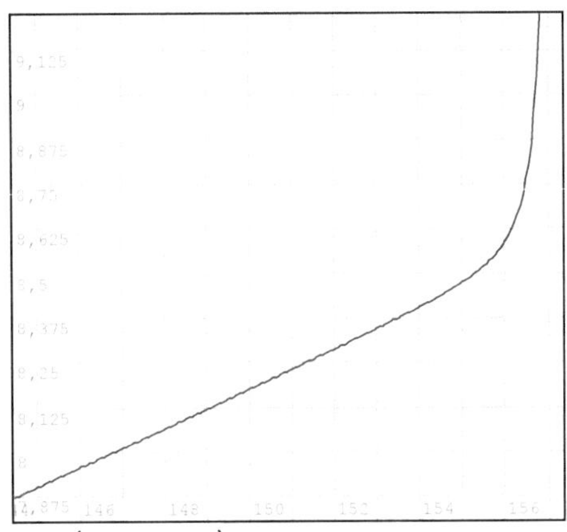

$$F_{ST}\left(156 \ \text{cm}\ ;\ v_K\right) = 8,59 \ \text{kN}$$

$$F_{ST}\left(157 \ \text{cm}\ ;\ v_K\right) = 10,3396 \ \text{kN}$$

$$\frac{F_{ST}\left(x \ \text{cm}\ ;\ v_K\right)}{1 \ \text{kN}}$$

Die Abbildungen zeigen die Ergebnisse für die Kraft in der Kolbenstange als Funktion des Kippwinkels φ bzw. der Zylinderlänge s.

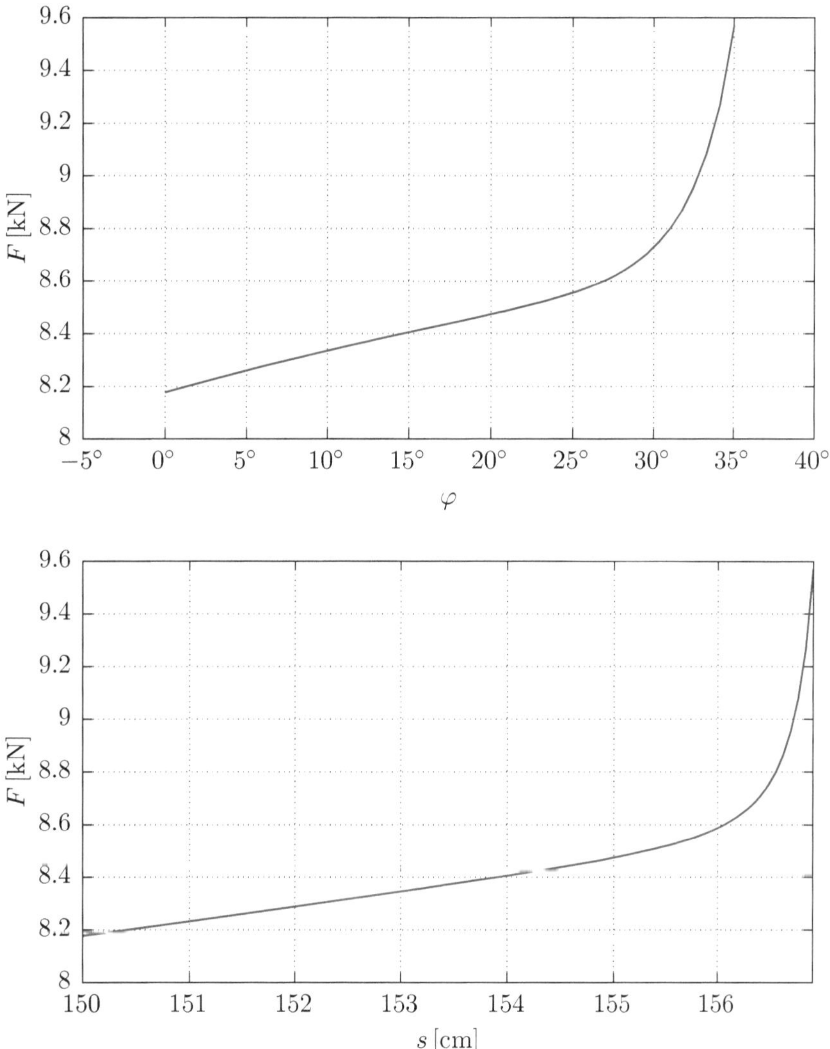

5.7 Klausur: Hydraulikzylinder für eine Kippvorrichtung

Lerninhalte

Grundlagen Statik (Freischnitt, Gleichgewichtsbedingungen)

Komponenten, Systeme Kenngrößen von Zylindern (Kolbendurchmesser, Kolbenstangendurchmesser, Wirkungsgrade, Leistung), Zusammenspiel Pumpe – Zylinder

Programmieren Arbeiten mit Mathcad (z. B. Verwenden von Einheiten)

Aufgabenstellung

Es wird die abgebildete Kippvorrichtung näher untersucht. Der Antrieb der Kippvorrichtung ist der Hydraulikzylinder AB. Das Bauteil BC ist mit dem Behälter verschweißt. Eine Drehbewegung von BC um den raumfesten Punkt C bedeutet somit auch eine Drehung des Behälters. Der Kippwinkel φ misst die Verdrehung des Bauteils BC gegenüber der Vertikalen. Es gilt $b = \ell(\overline{BC})$, $x_S = b$ und $y_C = x_A = 3b$.

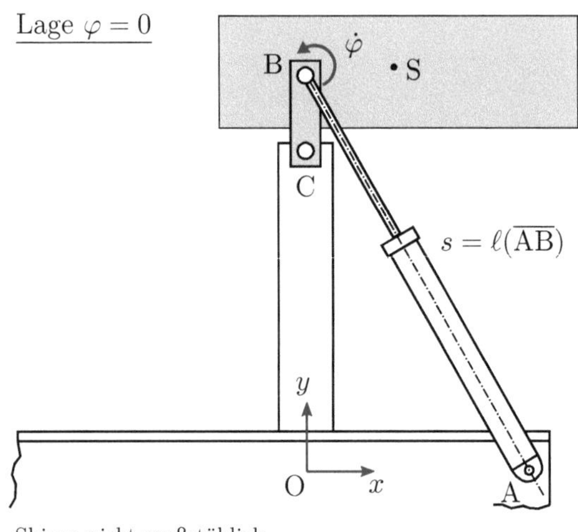

Skizze nicht maßstäblich

Zuerst wird der abgebildete Gleichgewichtszustand der Kippvorrichtung untersucht ($\varphi = 0$). Die Durchmesser des Hydraulikzylinders werden mit D (Innendurchmesser des Zylinders) und d (Kolbenstangendurchmesser) bezeichnet.

Folgende geometrische Größen sind gegeben: $b = 300$ mm, $D = 20$ mm und $d = 10$ mm. Für den statischen Gleichgewichtszustand gilt zudem $|F_{ST,G}| = 8{,}333$ kN und $p_{KR} = 2{,}0$ bar.

(a) Der Betrag der Kraft in der Kolbenstange des Hydraulikzylinders in der abgebildeten Gleichgewichtslage $|F_{ST,G}|$ ist gegeben. Wie groß muss die im Schwerpunkt S angreifende Gewichtskraft F_G sein, wenn die Kraft in der Kolbenstange nur durch die Wirkung von F_G bei Vernachlässigung des Eigengewichtes der Bauteile entsteht? Zeigen Sie die für die Berechnung verwendete Freischnittskizze.

(b) Wie groß ist der Druck p_K im Kolbenraum in der abgebildeten Gleichgewichtslage? Es wird angenommen, dass keine nennenswerte Haftkraft im Hydraulikzylinder auftritt. Der Druck im Ringraum sei im abgebildeten Gleichgewichtszustand p_{KR}.

Jetzt wird das Ausfahren des Hydraulikzylinders betrachtet ($\varphi > 0$, $\dot{s} > 0$). Eine Pumpe fördert einen konstanten Volumenstrom Q_e in den Kolbenraum des Hydraulikzylinders. Folgende Werte sind gegeben: $Q_\mathrm{e} = 0{,}35$ l/min, $F_\mathrm{ST,D} = 10{,}0$ kN und $\Delta p_\mathrm{RT} = 2{,}0$ bar. Für die hydraulisch-mechanischen Wirkungsgrade des Zylinders gilt $\eta_\mathrm{hmK} = 0{,}96$ und $\eta_\mathrm{hmST} = 0{,}92$.

(c) Wie groß ist bei Vernachlässigung von Leckage die Ausfahrgeschwindigkeit $\dot{s}$ des Zylinders?

(d) Für einen bestimmten Winkel φ ist die Kraft in der Kolbenstange für den betrachteten Ausfahrvorgang mit $F_\mathrm{ST,D}$ angegeben. Die Kraft wirkt entgegen der Bewegung der Kolbenstange. Der Druckverlust zwischen Ringraum und Tank ist Δp_RT. Im Tank herrscht der Umgebungsdruck von 1 bar.

Wie groß ist der Druck im Kolbenraum beim Ausfahren des Zylinders? Die gegebenen hydraulisch-mechanischen Wirkungsgrade sind zu berücksichtigen. Wie groß ist in diesem Moment die Nutzleistung P_Nutz des Hydraulikzylinders?

Lösung mit Mathcad

Für den Winkel $\varphi = 0$ (horizontale Lage der Kippmulde) ist der Freischnitt und eine Skizze der Geometrie dargestellt. Für das Momentengleichgewicht um den Punkt C ergibt sich

$$0 = -F_\mathrm{G} x_\mathrm{S} + F_\mathrm{ST} b \cos\alpha_0 \; . \tag{5.20}$$

Mit $x_\mathrm{S} = b$ und $\cos\alpha_0 = 0{,}6$ folgt $F_\mathrm{ST} = 1{,}67 F_\mathrm{G}$ bzw. $F_\mathrm{G} = 0{,}6 F_\mathrm{ST}$.

<u>Lage $\varphi = 0$</u>

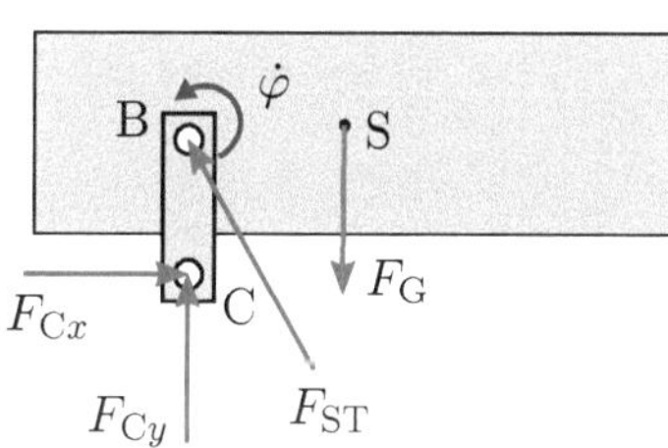

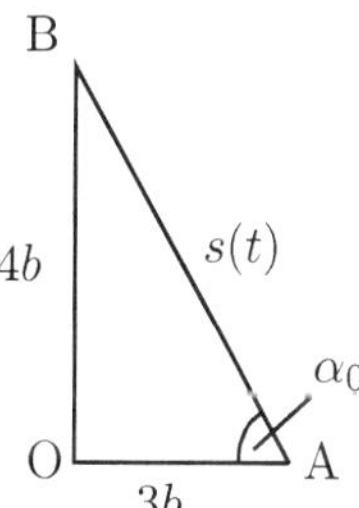

Im Fall des statischen Gleichgewichts folgt bei Vernachlässigung von Haftkräften der Druck im Kolbenraum ohne Berücksichtigung von Wirkungsgraden direkt aus der Kolbenstangenkraft und dem bekannten Druck im Ringraum.

Beim Ausfahren der Kolbenstange ist der Zusammenhang zwischen Druck und Kolbenstangenkraft durch Gleichung (2.50) gegeben. Im vorliegenden Fall kann diese nach dem gesuchten Druck p_K aufgelöst werden.

$$b := 300 \; mm \qquad c := 3 \cdot b = 900 \; mm \qquad D := 20 \; mm \qquad d := 10 \; mm$$

$$F_{STG} := 8.333 \; kN \qquad p_{KRG} := 2 \; bar$$

$$Q_e := 0.35 \; \frac{L}{min} \qquad F_{STD} := 10 \; kN \qquad \Delta p_{RT} := 2 \; bar \qquad \eta_{hmK} := 0.96 \qquad \eta_{hmST} := 0.92$$

(a) Gewichtskraft (bei gegebener Kolbenstangenkraft)

$$\alpha := \operatorname{atan}\left(\frac{4}{3}\right) = 0.927 \qquad F_G := F_{STG} \cdot \cos(\alpha) = 5\ kN$$

(b) Druck im Kolbenraum im Gleichgewichtszustand (ohne Haftreibung)

$$A_K := \frac{\pi}{4} \cdot D^2 = 3.142\ cm^2 \qquad A_{KR} := A_K - \frac{\pi}{4} \cdot d^2 = 2.356\ cm^2$$

$$p_{KG} := \frac{1}{A_K} \cdot \left(F_{STG} + p_{KRG} \cdot A_{KR}\right) = 266.75\ bar$$

(c) Ausfahrgeschwindigkeit

$$v := \frac{Q_e}{A_K} = 1.86\ \frac{cm}{s}$$

(d) Druck im Kolbenraum beim Ausfahren und Nutzleistung

$$p_{KD} := \left(F_{STD} + \Delta p_{RT} \cdot \frac{A_{KR}}{\eta_{hmST}}\right) \cdot \frac{1}{\eta_{hmK} \cdot A_K} = 333.3\ bar$$

$$P_{Nutz} := v \cdot F_{STD} = 185.7\ W$$

5.8 Klausur: Hydraulikzylinder in einer Kniehebelpresse

Lerninhalte

Grundlagen Kompressibilität von Druckflüssigkeiten, Statik (Freischnitt, Gleichgewichtsbedingungen)

Komponenten, Systeme Kenngrößen von Zylindern (Kolbendurchmesser, Kolbenstangendurchmesser, Wirkungsgrade, Leistung), Zusammenspiel Pumpe – Zylinder

Programmieren Arbeiten mit Mathcad (z. B. Verwenden von Einheiten)

Aufgabenstellung

Es wird die abgebildete Spannvorrichtung untersucht. Die beiden Stäbe sind identisch und wie abgebildet symmetrisch angeordnet. Die beiden Stäbe haben die Dehnsteifigkeit EA und die Länge l.

Zwischen den Punkten C und D ist ein Hydraulikzylinder angeordnet. Kolbendurchmesser und Kolbenstangendurchmesser des Zylinders seien D bzw. d. Für den betrachteten Winkel φ ist die Länge des Kolbenraums l_{K}. Die Nachgiebigkeit der Kolbenstange soll vernachlässigt werden.

Die Pumpe fördert einen konstanten Volumenstrom Q_{eP} und speist damit ausschließlich den Spannzylinder. Das Druckbegrenzungsventil im Zulauf des Zylinders ist auf einen (Über-)Druck p_{DBV} eingestellt. Im Ringraum ist in erster Näherung kein Überdruck. Haftkräfte sollen vernachlässigt werden. Die Kompressibilität der Druckflüssigkeit kann näherungsweise über den konstanten Wert β beschrieben werden.

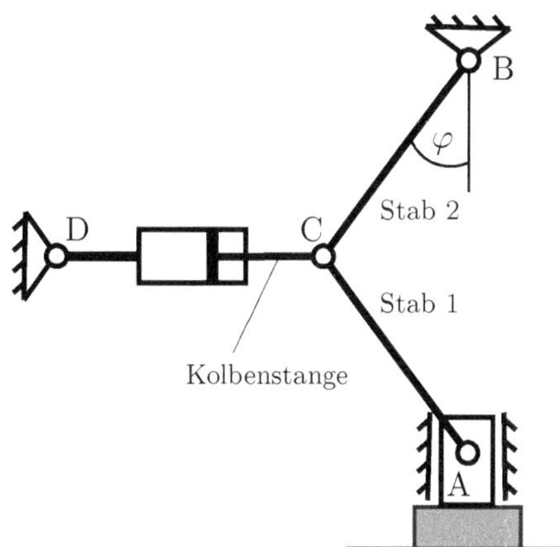

Beachten Sie: Die Skizze ist nicht maßstäblich.

Die drei Aufgabenteile können <u>unabhängig</u> voneinander bearbeitet werden.

Ihnen liegen die folgenden Zahlenwerte vor.

- Stäbe: $l = 100$ mm, $\varphi = 8°$, $A = 600$ mm^2 und $E = 210$ GPa

- Hydrauliksystem: $D = 50$ mm, $l_K = 40$ mm, $\beta = 0{,}70$ GPa^{-1}, $Q_{eP} = 0{,}1$ l/min und $p_{DBV} = 200$ bar

(a) Wie groß ist die vertikale Anpresskraft in A in der gezeichneten Lage, wenn im Kolbenraum p_{DBV} anliegt? Skizzieren Sie die für Ihre Berechnung notwendigen Freischnitte.

(b) Im Zustand 1 ist der Kolbenraum des Zylinders gerade vollständig mit Druckflüssigkeit gefüllt ohne (nennenswerten) Überdruck. Im Zustand 2 liegt der Druck p_{DBV} im Kolbenraum an. Wie viel Volumen muss vom Zustand 1 zum Zustand 2 nachgefüllt werden, wenn nur die Kompressibilität der Druckflüssigkeit berücksichtigt wird? Wieviel Zeit t_{NF} wird zum Nachfüllen benötigt, wenn man für eine erste Abschätzung dynamische Vorgänge (Schwingungen) vernachlässigt?

Benennen Sie die Gefahr, die <u>prinzipiell</u> für die Kolbenstange und die Stäbe 1 und 2 besteht, wenn der aufgebrachte Druck sehr groß wird?

Eine Kollegin hat für die horizontale Verschiebung u_C von C aufgrund der elastischen Nachgiebigkeit der Kniehebelkonstruktion (Stäbe 1 und 2) mit dem Satz von Castigliano die Näherungsformel

$$u_C = \frac{\pi D^2}{8 A \sin^2 \varphi} \frac{p_{DBV}}{E} \, l \tag{5.21}$$

hergeleitet.

Wie groß ist das Nachfüllvolumen aufgrund der elastischen Nachgiebigkeit der Kniehebelkonstruktion?

Lösung mit Mathcad

$$Q_{eP} := 0.1 \; \frac{L}{min} \qquad D := 50 \; mm \qquad d := 30 \; mm \qquad l_K := 40 \; mm$$

$$\beta := 70 \cdot 10^{-6} \; \frac{1}{bar} \qquad \phi := 8\,° \qquad p_{DBV} := 200 \; bar \qquad E := 210 \; GPa$$

(a) Anpresskraft in A (für den gegebenen Winkel und für den halben Winkel)

$$F_{ST} := p_{DBV} \cdot \frac{\pi}{4} \cdot D^2 = 39.3 \; kN$$

$$F_{Ay} := \frac{F_{ST}}{2 \tan(\phi)} = 140 \; kN$$

Kontrolle: Normalspannung in der Kolbenstange $\qquad \sigma_{ST} := \dfrac{F_{ST}}{\dfrac{\pi}{4} \cdot d^2} = 55.6 \; MPa$

(b) Nachfüllvolumen aufgrund der Ölkompressibilität und aufgrund der elastischen Nachgiebigkeit der Stabkonstruktion

$$V_K := \frac{\pi}{4} \cdot D^2 \cdot l_K = 78.5 \; cm^3 \qquad \Delta V := V_K \cdot \beta \cdot p_{DBV} = 1.1 \; cm^3 \qquad \beta \cdot p_{DBV} = 1.4\%$$

$$t_{NF} := \frac{\Delta V}{Q_{eP}} = 0.66 \; s$$

Wie lange dauert das Füllen des gesamten Kolbenraums? $\qquad \dfrac{V_K}{Q_{eP}} = 47.1 \; s$

$$l_S := 10 \; cm \qquad A_S := 600 \; mm^2 \qquad r_S := \sqrt{\frac{A_S}{\pi}} = 1.38 \; cm \qquad I_S := \frac{\pi}{4} \cdot r_S^4 = 2.86 \; cm^4$$

$$u_C := \frac{l_S \cdot F_{ST}}{2 \cdot E \cdot A_S \cdot (\sin(\phi))^2} = 0.8 \; mm$$

$$\Delta V_{el} := u_C \cdot \frac{\pi}{4} \cdot D^2 = 1.58 \; cm^3 \qquad \frac{\Delta V_{el}}{V_K} = 2.01\%$$

zu (b) Im speziellen Fall ist das Nachfüllvolumen aufgrund der elastischen Nachgiebigkeit größer als aufgrund der Ölkompressibilität. Prinzipiell besteht bei Hydraulikzylindern und Stäben bei Druckbeanspruchung die Gefahr des Knickens.

Arbeitsauftrag: Zeichnen Sie die Freischnitte[2] und leiten Sie die Formel für die Anpresskraft her. Überzeugen Sie sich zudem davon, dass die Normalkraft in den Stäben weder zu plastischem Fließen noch zum Knicken führt.

---

[2]Für die Berechnung der Anpresskraft sind zwei Freischnitte notwendig (Knoten C und Pressenstempel).

6 Ventile und Druckverluste

6.1 Theoriefragen

- In welche vier Hauptgruppen werden Ventile typischerweise eingeteilt? Erläutern Sie den Unterschied zwischen Sitz- und Kolbenventilen. Erläutern Sie die Bezeichnungsweise bei Wegeventilen.

- Welche Betätigungsarten werden typischerweise bei Ventilen unterschieden? Erläutern Sie den Unterschied zwischen einem direkt und einem vorgesteuerten Ventil.

- Wie ist die Reynoldszahl für die Rohrströmung definiert? Beschreiben Sie den Unterschied zwischen laminarer und turbulenter Strömung. In welchem Reynoldszahlbereich geschieht der Umschlag von laminar zu turbulent?

- Wie berechnet sich der Rohrwiderstandsbeiwert bei laminarer und bei turbulenter Strömung? Was wird häufig als Moody-Diagramm bezeichnet? Warum sind die Achsen im Moody-Diagramm logarithmisch eingeteilt?

- Welcher Ansatz wird typischerweise für den Druckverlust in Einbauten (Krümmer, Blenden, etc.) benutzt? Woher erhält man die Zahlenwerte für den Widerstandsbeiwert? Welcher Ansatz für den Druckverlust in Abhängigkeit vom Volumenstrom wird bei Wegeventilen häufig benutzt?

6.2 Druckverlust in Rohren

Lernziele

Grundlagen Druckverlust in Rohrleitungen in Abhängigkeit von der Reynoldszahl, Unterscheidung laminar vs. turbulent

Programmieren Numerische Lösung einer nichtlinearen Gleichung mit vorhandenen Befehlen, z. B. `roots`

Einleitung

Rohrströmungen treten in einer Vielzahl von technischen Anwendungen auf, sei es in Wasserkraftwerken, in verfahrenstechnischen Anlagen, in Hydrauliksystemen von Baumaschinen oder in pneumatischen Produktionsanlagen. Die strömenden Medien können sowohl Flüssigkeiten (z. B. Wasser, Hydrauliköl) oder Gase (z. B. Luft) sein.

Eine wichtige Größe bei der Berechnung der Rohrströmung ist der Druckverlust Δp_V. In einer geraden Rohrleitung hängt dieser wesentlich von der Länge l der Rohrleitung, dem Durchmesser d der Rohrleitung, der kinematischen Viskosität ν und der Dichte ϱ des Fluids und der Strömungsgeschwindigkeit v ab. Die Größe des Druckverlustes entscheidet mit darüber, welche Leistung die Pumpen in den betrachteten technischen Systemen haben müssen bzw. welche Leistung an Motoren zur Verfügung steht. Für den Druckverlust in Rohren gilt

$$\Delta p_V = \lambda_R \frac{l}{d} \frac{\varrho v^2}{2} \ . \tag{6.1}$$

Die Größe λ_R heißt Reibungsbeiwert bzw. Rohrreibungszahl.

Für die sogenannte Reynoldszahl für ein Rohr mit Kreisquerschnitt gilt zudem

$$Re = \frac{vd}{\nu} \ . \tag{6.2}$$

Es werden zwei Strömungsformen unterschieden: laminar und turbulent. Für die turbulente Strömung gilt für die Rohrreibungszahl λ_R der folgende empirische Zusammenhang, der häufig die Colebrook-Gleichung genannt wird.

$$\frac{1}{\sqrt{\lambda_R}} = -2 \lg \left[\frac{k}{3{,}71d} + \frac{2{,}51}{Re\sqrt{\lambda_R}} \right] \ . \tag{6.3}$$

Die Größe k charakterisiert die Wandrauheit des Rohres. Gleichung (6.3) ist nichtlinear in der gesuchten Größe λ_R. Für die Berechnung des Druckverlustes muss diese Gleichung numerisch gelöst werden.

Arbeitsauftrag: In welchem Bereich der Reynoldszahl ist typischerweise eine turbulente Rohrströmung zu erwarten? Welche Näherung gilt für λ_R bei glatten Rohren $(k/d \to 0)$? Wie sieht zum Vergleich die Formel für die laminare Rohrströmung aus?

Aufgabenstellung

(a) Lösen Sie die nichtlineare Gleichung (6.3) numerisch für die Werte $k/d = 0{,}01$ und $Re = 2 \cdot 10^4$. Prüfen Sie Ihr Ergebnis mit der einschlägigen Literatur (Diagramm). Ein Befehl für die Lösung von nichtlinearen Gleichungen ist **roots**.

(b) Wie groß ist der Druckverlust je Meter Länge der Rohrleitung für das folgende Beispiel (Talsperre): $d = 100\,\mathrm{mm}$, $\nu = 10^{-6}\,\mathrm{m^2/s}$, $Q = 1000\,\mathrm{l/min}$ und $k = 0{,}5\,\mathrm{mm}$?

(c) Luft wird von einem Verdichter angesaugt (Zustand 1 am Verdichtereingang) und verdichtet (Zustand 2 am Verdichterausgang). Anschließend wird die Druckluft gekühlt (Zustand 3 am Kühlerausgang). Berechnen Sie den Druckverlust in der sich an den Kühler anschließenden Versorgungsleitung (Länge L, Durchmesser d, Wandrauheit k) einer pneumatischen Anlage für den gegebenen Volumenstrom Q_3, Druck p_3 und Temperatur T_3. Vernachlässigen Sie die Druckverluste in den Einbauten (Krümmer, T-Stücke).

Lösung in SMath Studio

Die Colebrook-Gleichung (6.3) wird in SMath Studio so definiert, dass alle Terme auf einer Seite der Gleichung stehen. In anderen Worten: Die Gleichung wird auf die Form $F(\lambda, Re) = 0$ gebracht und F als Funktion von λ und Re definiert. Danach kann die Funktion F für die verschiedenen Aufgabenteile genutzt werden.

Zum numerischen Lösen der Gleichung (6.3) wird in SMath Studio der Befehl **roots** benutzt. Häufig liefert der Befehl **roots** nur dann ein Ergebnis, wenn die Variante mit Startwert (also insgesamt drei Parametern) genutzt wird. Ein brauchbarer Startwert kann im allgemeinen durch Probieren schnell gefunden werden. Eine Orientierung kann im vorliegenden Fall ein Blick auf einschlägige Diagramme bieten (in der englischsprachigen Literatur Moody chart genannt).

$$F\left(\lambda \, ; \, Re_R\right) := \frac{1}{\sqrt{\lambda}} + 2 \cdot \log_{10}\left(\frac{\kappa}{3,71} + \frac{2,51}{Re_R \cdot \sqrt{\lambda}}\right)$$

(b)

$$\kappa := 0,01$$

$$\lambda_b := \text{roots}\left(F\left(\lambda \, ; \, 20000\right) ; \, \lambda \, ; \, 0,03\right) = 0,0407$$

(c)

$$Q := 1000 \, \frac{\text{L}}{\text{min}} \qquad d := 100 \, \text{mm} \qquad k := 0,5 \, \text{mm} \qquad \nu := 10^{-6} \, \frac{\text{m}^2}{\text{s}}$$

$$\kappa := \frac{k}{d} = 0,005 \qquad \rho := 1000 \, \frac{\text{kg}}{\text{m}^3} \qquad l := 1 \, \text{m}$$

$$v := \frac{4 \cdot Q}{\boldsymbol{\pi} \cdot d^2} = 2,1221 \, \frac{\text{m}}{\text{s}} \qquad Re_T := \frac{v \cdot d}{\nu} = 2,1221 \cdot 10^5$$

$$\lambda_c := \text{roots}\left(F\left(\lambda \, ; \, Re_T\right) ; \, \lambda \, ; \, 0,02\right) = 0,0308$$

$$\Delta p_V := \frac{\rho}{2} \cdot v^2 \cdot \frac{l}{d} \cdot \lambda_c = 0,0069 \, \text{bar} \qquad \qquad \texttt{Druckverlust je Meter}$$

(d) Pneumatisches System

$$Q_3 := 80 \, \frac{\text{m}^3}{\text{hr}} \qquad p_3 := 8 \, \text{bar} \qquad T_3 := 293,15 \, \text{K} \qquad R_L := 287 \, \frac{\text{J}}{\text{kg K}}$$

$$d := 80 \, \text{mm} \qquad k := 0,1 \, \text{mm}$$

$$v := \frac{4 \cdot Q_3}{\boldsymbol{\pi} \cdot d^2} = 4,421 \, \frac{m}{s}$$

$$\rho_3 := \frac{p_3}{R_L \cdot T_3} = 9,5086 \, \frac{kg}{m^3}$$

$$\nu_3 := \left(\frac{1,4747 \cdot 10^{-6} \, Pa \, \frac{s}{K^{0,5}} \cdot T_3^{1,5}}{T_3 + 113 \, K} \right) \cdot \frac{1}{\rho_3} = 1,9166 \, \frac{mm^2}{s}$$

$$Re_P := \frac{v \cdot d}{\nu_3} = 1,8453 \cdot 10^5$$

$$\kappa := \frac{k}{d} = 0,0012$$

$$\lambda_d := \mathrm{roots}\left(F\left(\lambda \, ; \, Re_P \right); \, \lambda \, ; \, 0,01 \right) = 0,022$$

$$L := 300 \, m$$

$$\Delta p_V := \frac{\rho_3}{2} \cdot v^2 \cdot \frac{L}{d} \cdot \lambda_d = 0,0768 \, \mathrm{bar}$$

6.3 Klausur: Geschwindigkeitssteuerung mit Stromregelventil

Lernziele

Grundlagen Umrechnung zwischen Volumenstrom und Geschwindigkeit

Komponenten, Systeme Stromregelventile (Funktion, Kennwerte), Druckabfall und Durchflussmengen bei Parallelschaltung von Ventilen

Programmieren Grundfertigkeiten im Rechnen mit Mathcad (mit Einheiten)

Aufgabenstellung

Die Geschwindigkeitssteuerung eines Zylinders erfolgt wie abgebildet über ein Stromregelventil. Am Punkt ② steht <u>maximal</u> der Volumenstrom $50 \, l/min$ zur Verfügung. Die Flächen von Kolbenraum und Ringraum sind $A_K = 30 \, cm^2$ bzw. $A_{KR} = 12 \, cm^2$.

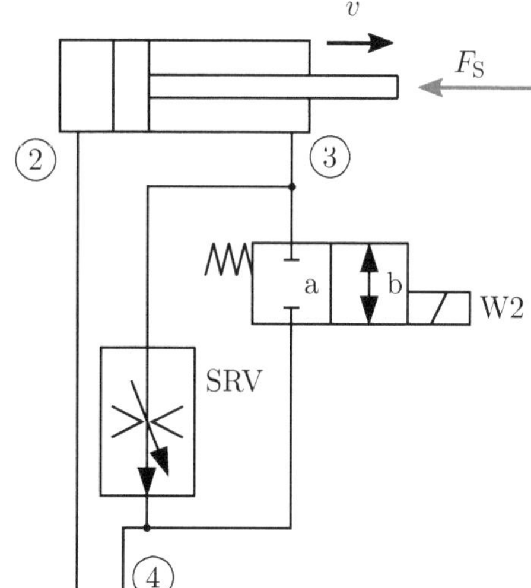

Stromregelventil: Der Arbeitsbereich des Stromregelventils (SRV) ist durch die Drücke 8 bar und 300 bar und den Volumenstrom 7 l/min charakterisiert.

Wegeventil W2: Der Druckverlust im Wegeventil W2 beträgt beim Volumenstrom 16 l/min genau 1 bar, bei näherungsweiser quadratischer Kennlinie für den Druckverlust.

Im Zulauf ② zum Kolbenraum befindet sich ein Druckbegrenzungsventil (hier nicht abgebildet), das auf den Druck 140 bar eingestellt ist.

(a) Das Wegeventil W2 steht in Schaltstellung **a**. Mit welcher Geschwindigkeit fährt die Kolbenstange aus? Welcher Volumenstrom fließt in diesem Fall in den Kolbenraum?

(b) Das Wegeventil W2 steht in Schaltstellung **b**. Welcher Volumenstrom Q_2 fließt in den Kolbenraum? Zeigen Sie, dass die Kolbengeschwindigkeit $v = 27{,}8\,\text{cm/s}$ beträgt. Der Druckabfall zwischen ③ und ④ sei Δp_{SRV} bzw. Δp_{W2}. Erläutern Sie, in welcher Beziehung Δp_{SRV} und Δp_{W2} zueinander stehen.

Welcher Volumenstrom fließt durch das SRV? Welcher Volumenstrom fließt durch W2?

Lösung mit Mathcad

In Schaltstellung **a** des Wegeventils W2 gibt das SRV den abfließenden Volumenstrom Q_3 und damit die Kolbengeschwindigkeit vor.

$$Q_{eP} := 50\ \frac{l}{min} \qquad Q_{SRV} := 7\ \frac{l}{min} \qquad p_{MB} := 8\ bar \qquad Q_{W2N} := 16\ \frac{l}{min}$$

$$A_K := 30\ cm^2 \qquad A_{KR} := 12\ cm^2$$

(a) Schaltstellung a: Ausfahrgeschwindigkeit und Volumenstrom in den Kolbenraum

$$v_a := \frac{Q_{SRV}}{A_{KR}} = 9.7\ \frac{cm}{s} \qquad Q_{2a} := v_a \cdot A_K = 17.5\ \frac{l}{min}$$

Wenn sich das Wegeventil W2 in der Schaltstellung **b** befindet, fließt die Druckflüssigkeit anteilig durch das Wegeventil W2 und das Stromregelventil. Der Volumenstrom

Q_3 teilt sich dabei zwischen den beiden Ventilen so auf, dass der Druckabfall an beiden Ventilen identisch ist, $\Delta p_{\mathrm{SRV}} = \Delta p_{\mathrm{W2}}$.

(b) Schaltstellung b: Volumenstrom in den Kolbenraum, im SRV und im W2

$$Q_{2b} := Q_{eP} = 50\ \frac{l}{min} \qquad v_b := \frac{Q_{2b}}{A_K} = 27.8\ \frac{cm}{s} \qquad Q_3 := v_b \cdot A_{KR} = 20\ \frac{l}{min}$$

$$Q_{3SRV} := Q_3 \cdot \left(1 + \frac{Q_{W2N}}{Q_{SRV}} \cdot \sqrt{\frac{p_{MB}}{1\ bar}}\right)^{-1} = 2.679\ \frac{l}{min}$$

$$Q_{3W2} := Q_3 - Q_{3SRV} = 17.321\ \frac{l}{min}$$

Arbeitsauftrag: Leiten Sie die in der Mathcad-Lösung verwendeten Formeln für die Volumenströme durch SRV und W2 her.

6.4 Klausur: Vorschubantrieb mit Stromregelventil

Lernziele

Grundlagen Umrechnung zwischen Volumenstrom und Geschwindigkeit

Komponenten, Systeme Stromregelventile (Funktion, Kennwerte), Parallelschaltung von Ventilen, Kolbenstangenkraft beim Ausfahren, Druckverlust in Wegeventilen

Programmieren Grundfertigkeiten im Rechnen mit Mathcad (mit Einheiten)

Aufgabenstellung

Es soll der abgebildete Vorschubantrieb mit Stromregelventil näher untersucht werden. Zur Erinnerung: Der Druckverlust Δp_{V} in einem Wegeventil für einen Volumenstrom Q kann näherungsweise über die Formel

$$\Delta p_{\mathrm{V}} = \left(\frac{Q}{Q_{\mathrm{N}}}\right)^2 \Delta p_{\mathrm{N}} \tag{6.4}$$

berechnet werden. Dazu müssen die beiden Nennwerte Q_{N} und Δp_{N} bekannt sein.

Alle Aufgabenteile (außer e) können unabhängig voneinander bearbeitet werden.

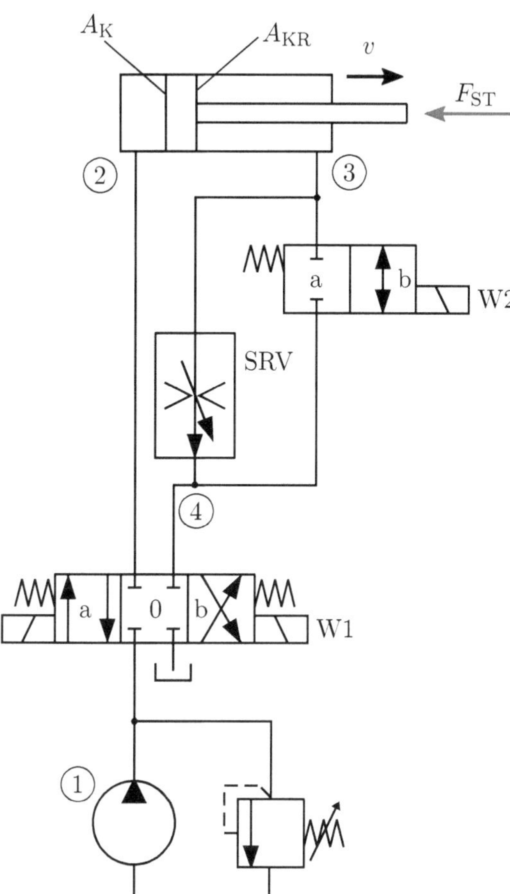

Der Pumpenförderstrom ist $Q_\mathrm{e,P}$ und der Gesamtwirkungsgrad der Pumpe ist $\eta_\mathrm{t,P}$. Der (Über-)Druck bei geöffnetem Druckbegrenzungsventil (DBV) ist p_DBV.

Für den Zylinder sind die Wirkungsgrade $\eta_\mathrm{v} = 1$, $\eta_\mathrm{hm,K}$ und $\eta_\mathrm{hm,ST}$ zu berücksichtigen.

Die Durchflusswege des Wegeventils W1 haben beim Nenndurchfluss $Q_\mathrm{N,W1}$ einen Druckverlust von $\Delta p_\mathrm{N} = 1\,\mathrm{bar}$. Die Durchflusswege des Wegeventils W2 haben beim Nenndurchfluss $Q_\mathrm{N,W2}$ ebenfalls einen Druckverlust von $\Delta p_\mathrm{N} = 1\,\mathrm{bar}$. Das 2-Wege-Stromregelventil ist im Arbeitsbereich des Ventils auf einen Durchfluss $Q_\mathrm{N,SRV}$ eingestellt und der Druckabfall an der Messblende beträgt $\Delta p_\mathrm{V,MB}$.

Die Rohrleitungsverluste dürfen für eine erste Berechnung vernachlässigt werden.

Es liegen Ihnen die folgenden Zahlenwerte vor: $Q_\mathrm{e,P} = 60{,}0\;\mathrm{l/min}$, $\eta_\mathrm{t,P} = 0{,}82$, $p_\mathrm{DBV} = 100\;\mathrm{bar}$, $\eta_\mathrm{hm,K} = 0{,}92$, $\eta_\mathrm{hm,ST} = 0{,}85$, $A_\mathrm{K} = 1000\;\mathrm{mm}^2$, $A_\mathrm{KR} = 700\;\mathrm{mm}^2$, $Q_\mathrm{N,W1} = 36\;\mathrm{l/min}$, $Q_\mathrm{N,W2} = 16\;\mathrm{l/min}$, $Q_\mathrm{N,SRV} = 6\;\mathrm{l/min}$ und $\Delta p_\mathrm{V,MB} = 8{,}0\;\mathrm{bar}$.

(a) Benennen Sie das Wegeventil W1 aus dem gezeigten Schaltplan.

(b) Wie groß sind Eilvorschub- und Rücklaufgeschwindigkeit des Zylinders? Wie groß ist jeweils der Volumenstrom durch das DBV?

Im folgenden wird der Arbeitsvorschub betrachtet. Beim Arbeitsvorschub ist die Geschwindigkeit des Kolbens v_A und die Kraft an der Kolbenstange ist F_ST, wobei gilt $v_\mathrm{A} = 14{,}3\;\mathrm{cm/s}$ und $F_\mathrm{ST} = 2000\;\mathrm{N}$.

(c) Wie lautet die Schaltstellung der Wegeventile W1 und W2 beim Arbeitsvorschub? Wie groß ist der Volumenstrom durch das DBV beim Arbeitsvorschub?

(d) Wie groß ist der Druck p_1 am Pumpenaustritt? Wie groß ist der Druck p_2 auf der Kolbenseite des Zylinders? Wie groß ist der Druck p_3 auf der Ringraumseite des Zylinders?

(e) Wie groß ist der Gesamtwirkungsgrad der Anlage beim Arbeitsvorschub? Am Pumpeneintritt liegt der Umgebungsdruck an.

(f) Welches Verdrängungsvolumen hat die Pumpe, wenn für Drehzahl n_P und volumetrischen Wirkungsgrad $\eta_{v,P}$ die Zahlenwerte $n_P = 1500 \ \mathrm{min}^{-1}$ und $\eta_{v,P} = 0{,}92$ gelten?

Lösung mit Mathcad

Aufgabenteile (a) und (b)

W1: 4/3-Wegeventil mit Sperrmittelstellung, elektromagnetisch betätigt

$$Q_{eP} := 60 \ \frac{L}{min} \qquad A_K := 1000 \ mm^2 \qquad A_{KR} := 700 \ mm^2$$

$$v_{EV} := \frac{Q_{eP}}{A_K} \qquad v_{EV} = 1 \ \frac{m}{s}$$

$$v_R := \frac{Q_{eP}}{A_{KR}} \qquad v_R = 1.43 \ \frac{m}{s}$$

Sowohl beim Eilvorschub als auch beim Rückhub ist das DBV geschlossen. Es fließt kein Hydrauliköl über das DBV.

Aufgabenteile (c) bis (e)

$$p_{DBV} := 100 \ bar \qquad \eta_{hmK} := 0.92 \qquad \eta_{hmST} := 0.85$$

$$Q_{NW1} := 36 \ \frac{L}{min} \qquad Q_{NW2} := 16 \ \frac{L}{min} \qquad Q_{NSRV} := 6 \ \frac{L}{min}$$

$$p_{VMB} := 8 \ bar$$

$$v_A := 14.3 \ \frac{cm}{s}$$

$$F := 2000 \ N$$

Kontrollrechnung für Geschwindigkeit beim Arbeitsvorschub $\qquad \dfrac{Q_{NSRV}}{A_{KR}} = 14.29 \ \dfrac{cm}{s}$

Schaltstellungen W1: a W2: a

$$Q_2 := A_K \cdot v_A = 8.58 \; \frac{L}{min}$$

$$Q_{DBV} := Q_{eP} - Q_2 = 51.42 \; \frac{L}{min}$$

$$p_1 := p_{DBV} \qquad p_2 := p_1 - 1 \; bar \cdot \left(\frac{Q_2}{Q_{NW1}}\right)^2 = 99.94 \; bar$$

$$p_3 := \eta_{hmST} \cdot \left(\eta_{hmK} \cdot p_2 \cdot \frac{A_K}{A_{KR}} - \frac{F}{A_{KR}}\right) = 87.4 \; bar$$

$$\eta_{tP} := 0.82$$

$$P_N := v_A \cdot F = 286 \; W$$

$$P_m := Q_{eP} \cdot \frac{p_1}{\eta_{tP}} = 12.195 \; kW$$

$$\eta_{tA} := \frac{P_N}{P_m} = 0.023$$

Aufgabenteil (f)

$$\eta_{vP} := 0.92 \qquad n_P := 1500 \; min^{-1}$$

$$Q_{iP} := \frac{Q_{eP}}{\eta_{vP}} = 65.217 \; \frac{L}{min} \qquad\qquad V_P := \frac{Q_{iP}}{n_P} = 43.5 \; cm^3$$

6.5 Klausur: Geschwindigkeitssteuerung eines Gleichgangzylinders

Lernziele

Grundlagen Umrechnung zwischen Volumenstrom und Geschwindigkeit

Komponenten, Systeme Stromregelventile (Funktion, Kennwerte), Nutzleistung, Wirkungsgrad

Programmieren Grundfertigkeiten im Rechnen mit Mathcad (mit Einheiten)

Aufgabenstellung

Die Geschwindigkeitssteuerung eines Gleichgangzylinders (Ringfläche A, Wirkungsgrade $\eta_v = 1$, η_{hm}) soll mit einem 2-Wege-Stromregelventil (SRV) im Zulauf erfolgen. Der abgebildete vereinfachte Schaltplan enthält keine Wegeventile.

Der Pumpenförderstrom, der als druckunabhängig angenommen werden darf, beträgt Q_{eP}. Am Pumpeneintritt liegt Umgebungsdruck an. Der Gesamtwirkungsgrad der Pumpe ist $\eta_{t,P}$. Der Druck am geöffneten Druckbegrenzungsventil beträgt unabhängig vom Durchflussstrom konstant p_{DBV}.

Es wird der abgebildete Betriebsfall untersucht (Kraft F, Bewegung nach links mit Geschwindigkeit v).

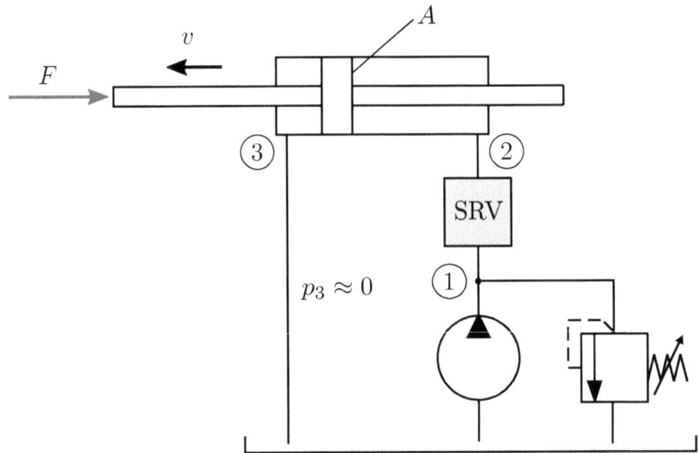

Folgende Zahlenwerte liegen Ihnen vor.

- Zylinder: $A = 10$ cm^2, $\eta_{hm} = 0{,}80$, $F = 18$ kN und $v = 0{,}08$ m/s

- Pumpe: $Q_{eP} = 40$ l/min und $\eta_{t,P} = 0{,}9$

- Sonstiges: $p_{DBV} = 240$ bar

Die Aufgabenteile (a), (b) und (c) können unabhängig voneinander bearbeitet werden.

(a) Wie groß ist der Druck p_2 auf der Zulaufseite des Zylinders? Wie groß ist der Druckabfall am Stromregelventil?

(b) Auf welchen Volumenstrom muss das Stromregelventil eingestellt sein? Welcher Volumenstrom fließt über das Druckbegrenzungsventil (DBV) in den Tank zurück?

(c) Wie groß ist die Nutzleistung für den betrachteten Betriebsfall?

(d) Wie groß ist die Antriebsleistung an der Pumpe unter Vernachlässigung von Leitungen und Wegeventilen? Wie groß ist der Wirkungsgrad der Anlage unter Vernachlässigung von Leitungen und Wegeventilen?

Lösung mit Mathcad

Zylinder:

$$\eta_{hm} := 0.8 \qquad A := 10\ cm^2 \qquad F := 18000\ N \qquad v := 0.08\ \frac{m}{s}$$

Pumpe:

$$Q_{eP} := 40\ \frac{L}{min} \qquad \eta_{tP} := 0.90$$

Druckbegrenzungsventil:

$$p_{DBV} := 240\ bar$$

(a) Druck auf der Zulaufseite (Überdruck auf der Gegenseite 0)

$$p_2 := \frac{F}{A \cdot \eta_{hm}} = 225\ bar \qquad \Delta p_{SRV} := p_{DBV} - p_2 = 15\ bar$$

(b) Volumenstrom durch Stromregelventil und durch DBV

$$Q_2 := v \cdot A = 4.8\ \frac{L}{min} \qquad Q_{DBV} := Q_{eP} - Q_2 = 35.2\ \frac{L}{min}$$

(c) Nutzleistung

$$P_{Nutz} := F \cdot v = 1.44\ kW$$

(d) Antriebsleistung der Pumpe und Wirkungsgrad der Anlage

$$P_{mP} := \frac{Q_{eP} \cdot p_{DBV}}{\eta_{tP}} = 17.78\ kW$$

$$\eta_{tA} := \frac{P_{Nutz}}{P_{mP}} = 8.1\%$$

7 Druckflüssigkeiten

In Büchern nimmt die Beschreibung der verschiedenen Druckflüssigkeiten, ihrer Eigenschaften und Bezeichnungen häufig breiten Raum ein. In den folgenden Rechenaufgaben wird ausschließlich das Phänomen *Kompressiblität* und ihre Auswirkungen auf hydraulische Systeme betrachtet.

Die Kompressibilität der Druckflüssigkeit ist vor allem in zwei Fällen relevant: (1) bei hohen Anforderungen an die Positionierungsgenauigkeit und (2) bei der Berechnung von dynamischen Vorgängen. Beide Aufgaben in diesem Kapitel haben dynamische Vorgänge zum Gegenstand.

7.1 Theoriefragen

* Was sind Haupt- und Nebenaufgaben von Druckflüssigkeiten?

* Nennen Sie eine gängige Einteilung von Druckflüssigkeiten und nennen Sie für jede Gruppe einen Anwendungsfall. Erläutern Sie einen wesentlichen Nachteil von Wasser als Druckflüssigkeit.

* Wozu dienen Additive in Hydraulikölen? Nennen Sie vier Eigenschaften von Hydraulikölen, die durch Zusatz von Additiven verändert werden können.

* Erklären Sie die Größen dynamische und kinematische Viskosität. Wie hängen die beiden Größen zusammen? Wie hängen dynamische und kinematische Viskosität typischerweise von Druck und Temperatur ab? Erläutern Sie, welche Temperaturabhängigkeit meist erstrebenswert ist.

* Wofür steht die Bezeichnung VG40? Worin unterscheiden sich zwei Hydrauliköle mit VI 50 und VI 100? Welche praktische Relevanz hat die VI-Angabe?

* Durch welche Kenngrößen wird die Kompressibilität einer Druckflüssigkeit charakterisiert? Wie berechnet man die Kompressibilitätseffekte bei einer hydraulischen Anlage? In welchen Fällen ist die Kompressibilität relevant? Wann ist die Nachgiebigkeit der Rohrleitungen typischerweise relevant?

7.2 Hydraulische Kapazität und dynamische Vorgänge

Lerninhalte

Grundlagen Kompressibilität von Druckflüssigkeiten, Kontinuitätsgleichung, dynamische Gleichungen (Bilanz der kinetischen Energie), Differentialgleichung der freien Schwingung (linear, konstante Koeffizienten)

Komponenten, Systeme Kapazität und Induktivität von hydraulischen Komponenten

Programmieren Arbeiten mit SMath Studio (z. B. Verwenden von Einheiten)

Aufgabenstellung

Es ist der abgebildete, stark vereinfachte Schaltplan eines Walzenantriebs (z. B. für den Einsatz in einer Papierfabrik) gegeben. Für $t \leq 0\,\mathrm{s}$ läuft die Pumpe im drucklosen Umlauf. Zum Zeitpunkt $t = 0\,\mathrm{s}$ wird das Ventil geschaltet und der konstante Volumenstrom $Q_\mathrm{P} = 10\,\mathrm{l/min}$ fließt in das hydraulische System. Es gilt $V_\mathrm{M} = 120\,\mathrm{cm}^3$, $J_\mathrm{M} = 200\,\mathrm{kg\,m}^2$, $C_\mathrm{H} = 2 \cdot 10^{-12}\,\mathrm{m}^5/\mathrm{N}$ und $p_\mathrm{DBV} = 200\,\mathrm{bar}$.

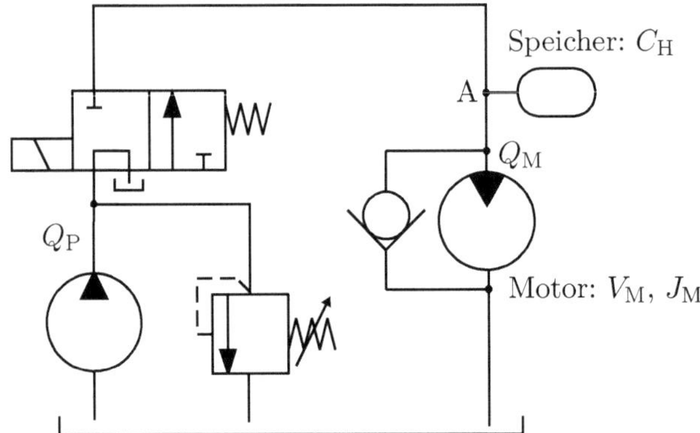

(a) Wie lautet die Gleichung des Druckaufbaus für $t > 0\,\mathrm{s}$, wenn das Reibmoment an den Walzen und die Druckverluste in den Rohrleitungen vernachlässigt werden? Alle Kapazitäten seien im Speicher vereint. Wie groß sind Dämpfung und Eigenkreisfrequenz des Systems?

(b) Ausgehend vom stationären Zustand tritt plötzlich ein (konstantes) Reibmoment von $400\,\mathrm{N\,m}$ auf. Was passiert mit dem Motor? Erläutern Sie mit geeigneten Berechnungen.

Lösung mit SMath Studio

Die Kontinuitätsgleichung am Knoten A liefert

$$Q_\mathrm{P} = Q_\mathrm{H} + Q_\mathrm{M}. \tag{7.1}$$

Da der von der Pumpe bereitgestellte Volumenstrom Q_P zeitlich konstant ist, folgt

$$0 = \dot{Q}_\mathrm{H} + \dot{Q}_\mathrm{M}. \tag{7.2}$$

Für den Hydrospeicher (Kapazität C_H) gilt

$$Q_\mathrm{H} = C_\mathrm{H}\dot{p}\,. \tag{7.3}$$

Der Motor dreht mit Drehzahl n bzw. Winkelgeschwindigkeit ω, wobei beides Funktionen der Zeit sind. Für den Motor gilt nun einerseits

$$Q_\mathrm{M} = V_\mathrm{M}n = V_\mathrm{M}\frac{\omega}{2\pi} \tag{7.4}$$

und andererseits

$$\dot{E}_\mathrm{kin} = P_\mathrm{e} \;\rightarrow\; \frac{\mathrm{d}}{\mathrm{d}t}\left(\frac{1}{2}J_\mathrm{M}\omega^2\right) = Q_\mathrm{M}p\,. \tag{7.5}$$

In der Bilanz der kinetischen Energie wurde der Überdruck am Motoraustritt zu Null gesetzt. Die Winkelgeschwindigkeit wird mittels (7.4) aus (7.5) eliminiert,

$$\omega = \frac{2\pi Q_\mathrm{M}}{V_\mathrm{M}} \;\rightarrow\; J_\mathrm{M}\left(\frac{2\pi}{V_\mathrm{M}}\right)^2 \dot{Q}_\mathrm{M} = p\,. \tag{7.6}$$

Schließlich werden die Gleichungen für Hydrospeicher und Motor, (7.3) bzw. (7.6), in Gleichung (7.2) eingesetzt und durch C_H dividiert.

$$\ddot{p} + \frac{1}{C_\mathrm{H}J_\mathrm{M}}\left(\frac{V_\mathrm{M}}{2\pi}\right)^2 p = 0 \tag{7.7}$$

Das ist eine lineare Differentialgleichung 2. Ordnung mit konstanten Koeffizienten. Die rechte Seite ist Null; man spricht in diesem Fall von einer homogenen Gleichung. Typischerweise wird diese Differentialgleichung in der allgemeinen Form

$$\ddot{p} + 2D\omega_0\dot{p} + \omega_0^2 p = 0 \tag{7.8}$$

geschrieben. Die Dämpfung wird in dieser Form über die Konstante D beschrieben, die im vorliegenden Fall Null ist. Die Eigenkreisfrequenz ω_0 der freien Schwingung ist

$$\omega_0 = \frac{1}{\sqrt{C_\mathrm{H}J_\mathrm{M}}}\left(\frac{V_\mathrm{M}}{2\pi}\right)\,. \tag{7.9}$$

Die zugehörige Schwingungsdauer der freien Schwingung ist

$$T_0 = \frac{2\pi}{\omega_0}\,. \tag{7.10}$$

Arbeitsauftrag: Warum ist das vorliegende System ungedämpft? Welche zusätzlichen Effekte müssten berücksichtigt werden, um die in der Praxis stets vorhandene Dämpfung in den Gleichungen zu berücksichtigen.

$$V_M := 120 \text{ cm}^3 \qquad J_M := 200 \text{ kg m}^2 \qquad C_H := 2 \cdot 10^{-12} \frac{\text{m}^5}{\text{N}} \qquad Q_P := 10 \frac{\text{L}}{\text{min}}$$

(a) Parameter in der Schwingungsdgl.

$$D := 0$$

$$\omega_0 := \frac{1}{\sqrt{C_H \cdot J_M}} \cdot \frac{V_M}{2 \cdot \pi} = 0,95 \frac{1}{\text{s}}$$

$$T_0 := \frac{2 \cdot \pi}{\omega_0} = 6,58 \text{ s}$$

(b) Effekt des Reibmomentes

$$T_R := 400 \text{ N m}$$

$$p := \frac{2 \cdot \pi \cdot T_R}{V_M} = 209,44 \text{ bar}$$

zu (b) Der erforderliche Druck zur Überwindung des Reibmomentes ist größer als der Öffnungsdruck des DBV. Daher wird der Motor zum Stillstand kommen.

7.3 Klausur: Druckerhöhung beim Abbremsen von bewegten Massen

Lerninhalte

Grundlagen Kompressibilität von Druckflüssigkeiten, kinetische Energie, Erhaltung der mechanischen Energie

Programmieren Arbeiten mit Mathcad (z. B. Verwenden von Einheiten)

Aufgabenstellung

Die Last (Masse m) eines Gabelstaplers wird durch plötzliches Schließen eines Ventils beim Ablassen abgefangen. Dabei wird ein Volumen V_0 der Druckflüssigkeit komprimiert. Es sollen starre Rohrleitungen und näherungsweise konstante Werte des Kompressibilitätsfaktors β angenommen werden.

(a) Für die bei einer Druckerhöhung Δp verrichtete Arbeit W bei der Kompression der Druckflüssigkeit haben zwei Kollegen die Formeln

$$W = \frac{\beta V_0}{2} \Delta p^2 \qquad (7.11)$$

$$W = \frac{V_0}{2\beta} \Delta p^2 \qquad (7.12)$$

hergeleitet. Welche der beiden Formeln ist korrekt? Begründen Sie Ihre Entscheidung.

Angenommen, die Last bewegt sich unmittelbar vor dem Abfangen mit der Geschwindigkeit v abwärts. Das Diagramm zeigt die maximale Druckerhöhung Δp beim Abfangen als Funktion der Masse für verschiedene Parameterkombinationen (v, V_0, β). Für das Diagramm wurde die bereits im Normalbetrieb in der Druckflüssigkeit gespeicherte Energie gegenüber der Kompressionsarbeit beim Abfangen vernachlässigt.

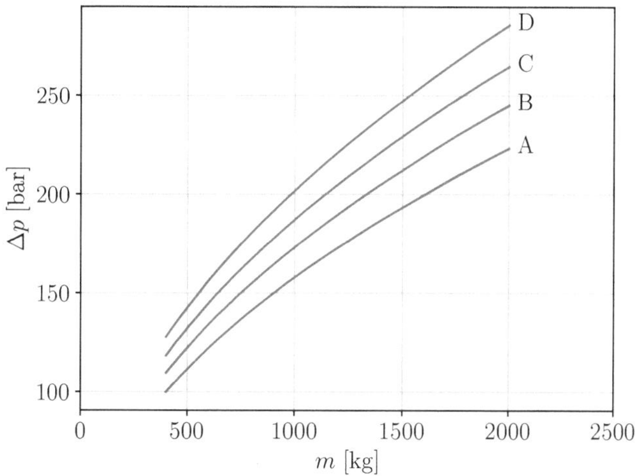

(b) Die unten stehende Tabelle zeigt sechs Datensätze. Ordnen Sie die vier Kurven aus dem Diagramm den Datensätzen der Tabelle zu. Schreiben Sie dazu in die letzte Spalte den Buchstaben der Kurve.

Nr.	v [cm/s]	V_0 [cm^3]	β [1/GPa]	Kurve (Buchstabe angeben)
1	50	1000	0,833	
2	40	550	0,714	
3	45	1300	0,625	
4	50	1000	0,714	
5	50	6000	0,714	
6	35	1000	0,714	

(c) Welche Komponente könnte man zusätzlich einbauen, um die Druckspitzen deutlich abzubauen?

Lösung

zu (a) Die obere Formel (7.11) mit β im Zähler ist die richtige Formel. Das kann man z. B. aus einer Dimensionsbetrachtung erkennen.

zu (b) Die kinetische Energie der bewegten Masse wird nach dem Schließen des Ventils in die Kompression der Druckflüssigkeit „gesteckt". Es gilt demnach

$$\frac{m}{2}v^2 = \frac{\beta V_0}{2}\Delta p^2 \ . \tag{7.13}$$

Ein einfacher Weg, die Datensätze und die Kurven zuzuordnen, ist die Berechnung des Druckes Δp bei der Höchstmasse von 2000 kg für alle sechs Datensätze.

$$\Delta p_{1max} := 50 \ \frac{cm}{s} \cdot \sqrt{\frac{2000 \ kg}{\dfrac{0.833}{GPa} \cdot 1000 \ cm^3}} = 245 \ bar \qquad\qquad \text{Kurve B}$$

$$\Delta p_{2max} := 40 \ \frac{cm}{s} \cdot \sqrt{\frac{2000 \ kg}{\dfrac{0.714}{GPa} \cdot 550 \ cm^3}} = 285.5 \ bar \qquad\qquad \text{Kurve D}$$

$$\Delta p_{3max} := 45 \ \frac{cm}{s} \cdot \sqrt{\frac{2000 \ kg}{\dfrac{0.625}{GPa} \cdot 1300 \ cm^3}} = 223.3 \ bar \qquad\qquad \text{Kurve A}$$

$$\Delta p_{4max} := 50 \ \frac{cm}{s} \cdot \sqrt{\frac{2000 \ kg}{\dfrac{0.714}{GPa} \cdot 1000 \ cm^3}} = 264.6 \ bar \qquad\qquad \text{Kurve C}$$

Die Datensätze 5 und 6 liefern deutlich kleinere Drücke, wie Sie sich leicht überzeugen können.

zu (c) Gas-Hydrospeicher

8 Berechnungstool

Teilweise werden auch größere Berechnungen von Hand (mit dem Taschenrechner) durchgeführt. Das hat unter anderem den Nachteil, dass selbst kleinste Änderungen in den Systemparametern (z. B. Rohrleitungslängen oder Rohrdurchmesser) zu längeren Neuberechnungen führen. Das kostet wertvolle Zeit. Zudem geschehen dabei leider immer wieder Fehler.

Für die sichere und schnelle Durchführung von Auslegungsberechnungen für hydraulische Systeme bietet sich ein Tool-basierter Berechnungsprozess an. Die Erstellung von solchen Berechnungstools ist eine typische Aufgabe für Berufsanfänger*innen. Zum einen, weil man davon ausgeht, das Berufsanfänger*innen „fit" im Rechnen sind und zum anderen, weil Ihnen die Erfahrung für viele andere Aufgaben noch fehlt. Idealerweise werden Berechnungstools im Team entwickelt und gut dokumentiert. Beides zusammen senkt das Fehlerrisiko.

8.1 Vorschubantrieb mit Stromregelventil

Häufig sollen Berechnungen nicht für einen Parametersatz sondern für verschiedene Werte durchgeführt werden. Exemplarisch soll dies an einem Vorschubantrieb gezeigt werden. In diesem Fall ist der Volumenstrom der Pumpe in gegebenen Grenzen zu variieren und die Druckverluste und der Druck am Pumpenaustritt sind für alle Werte des Volumenstroms zu berechnen.

Lerninhalte

Komponenten, Systeme Schaltung mit Stromregelventil, Druckverlust an Wegeventilen und in Rohrleitungen

Programmieren Programmieren von Schleifen in SMath Studio, exportieren von Berechnungsergebnissen

Aufgabenstellung

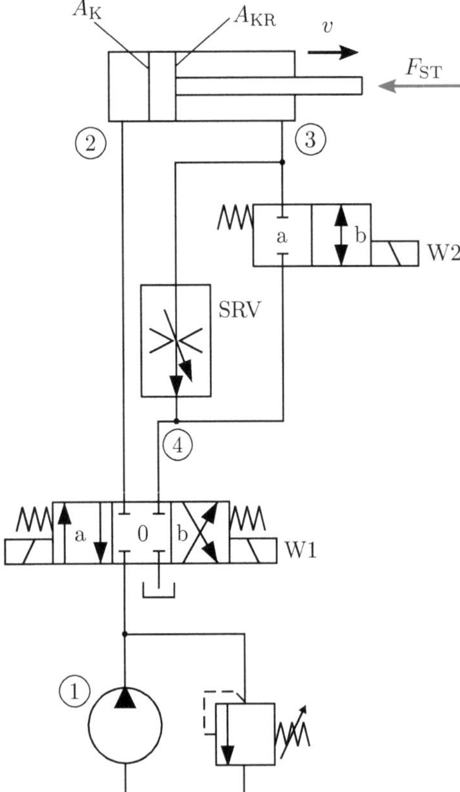

Es soll der abgebildete Vorschubantrieb näher untersucht werden. Der Pumpenförderstrom ist $Q_\mathrm{e,P}$ und soll von $10\,\mathrm{l/min}$ bis $80\,\mathrm{l/min}$ variiert werden.

Für den Zylinder sind die Wirkungsgrade $\eta_\mathrm{hm,K}$ und $\eta_\mathrm{hm,ST}$ zu berücksichtigen. Die Durchflusswege des Wegeventils W1 haben beim Nenndurchfluss $Q_\mathrm{N,W1}$ einen Druckverlust von $\Delta p_\mathrm{N} = 1\,\mathrm{bar}$. Die Durchflusswege des Wegeventils W2 haben beim Nenndurchfluss $Q_\mathrm{N,W2}$ ebenfalls einen Druckverlust von $\Delta p_\mathrm{N} = 1\,\mathrm{bar}$. Das 2-Wege-Stromregelventil ist im Arbeitsbereich des Ventils auf einen Durchfluss $Q_\mathrm{N,SRV}$ eingestellt und der Druckabfall an der Messblende beträgt $\Delta p_\mathrm{V,MB}$.

Anders als in der Klausuraufgabe in Abschnitt 6.4 sollen dieses Mal die Druckverluste in den Rohrleitungen mit berücksichtigt werden. Dafür sind zusätzlich der Rohrdurchmesser d_R und die Rohrleitungslängen im Zu- und Abfluss, l_R2 bzw. l_R3 gegeben.

Lösung mit SMath Studio

Zuerst werden alle Zahlenwerte in SMath Studio definiert. Das Wegeventil W1 steht in Schaltstellung a, das Wegeventil W2 in Schaltstellung b. Für die genannten Ventilstellungen fließt der Volumenstrom Q_3 so durch das SRV und W2, dass der Druckabfall an beiden Ventilen identisch ist. Die Größe χ gibt an, welcher Anteil an Q_3 durch das SRV fließt, $Q_{3\mathrm{SRV}} = \chi Q_3$.

$$Q_{eP} := [10;20\,..\,80]\,\frac{\mathrm{dm}^3}{\mathrm{min}}$$

$$A_K := 25\,\mathrm{cm}^2 \qquad A_{KR} := 12\,\mathrm{cm}^2 \qquad \eta_{hmK} := 0{,}92 \qquad \eta_{hmST} := 0{,}85 \qquad F_{ST} := 10\,\mathrm{kN}$$

$$Q_{NW1} := 40\,\frac{\mathrm{dm}^3}{\mathrm{min}} \qquad Q_{NW2} := 20\,\frac{\mathrm{dm}^3}{\mathrm{min}} \qquad Q_{NSRV} := 8\,\frac{\mathrm{dm}^3}{\mathrm{min}} \qquad \Delta p_{SRV} := 8\,\mathrm{bar}$$

$$d_R := 20 \text{ mm} \qquad l_{R2} := 1 \text{ m} \qquad l_{R3} := 1 \text{ m} \qquad \nu := 46 \, \frac{\text{mm}^2}{\text{s}} \qquad \rho := 870 \, \frac{\text{kg}}{\text{m}^3}$$

Betrachte Ventilstellung W1:a und W2:b

$$\chi := \cfrac{1}{1 + \cfrac{Q_{NW2}}{Q_{NSRV}} \cdot \sqrt{\cfrac{\Delta p_{SRV}}{1 \text{ bar}}}} = 0,12 \qquad N := \text{length}\!\left(Q_{eP}\right) = 8$$

for $i \in [1 .. N]$

$$Re_{2_i} := \frac{d_R}{\nu} \cdot \frac{4 \cdot Q_{eP_i}}{\pi \cdot d_R^{\,2}}$$

$$Q_{3_i} := Q_{eP_i} \cdot \frac{A_{KR}}{A_K}$$

$$Re_{3_i} := \frac{d_R}{\nu} \cdot \frac{4 \cdot Q_3}{\pi \cdot d_R^{\,2}}$$

$$Q_{3W2} := Q_3 \cdot \left(1 - \chi\right)$$

$$\Delta p_{W2_i} := \left(\frac{Q_{3W2}}{Q_{NW2}}\right)^2 \cdot 1 \text{ bar}$$

$$\Delta p_{W1R_i} := \left(\frac{Q_3}{Q_{NW1}}\right)^2 \cdot 1 \text{ bar}$$

$$\Delta p_{W1H_i} := \left(\frac{Q_{eP_i}}{Q_{NW1}}\right)^2 \cdot 1 \text{ bar}$$

$$\Delta p_{R3_i} := \frac{128 \cdot \nu \cdot \rho \cdot l_{R3}}{\pi \cdot d_R^{\,4}} \cdot Q_3$$

$$p_{3_i} := \Delta p_{W2_i} + \Delta p_{W1R_i} + \Delta p_{R3_i}$$

$$p_{2_i} := \left(F_{ST} + \frac{p_3 \cdot A_{KR}}{\eta_{hmST}}\right) \cdot \frac{1}{A_K \cdot \eta_{hmK}}$$

$$\Delta p_{R2_i} := \frac{128 \cdot \nu \cdot \rho \cdot l_{R2}}{\pi \cdot d_R^{\,4}} \cdot Q_{eP_i}$$

$$p_{1_i} := p_2 + \Delta p_{W1H_i} + \Delta p_{R2_i}$$

Im folgenden wird eine Schleife ausgeführt, in der für alle Werte von $Q_{e,P}$ die Druckverluste und der Pumpenaustrittdruck p_1 berechnet werden.

Alle Werte, die später untersucht werden sollen, müssen in einer Spaltenmatrix (hier Index i) gespeichert werden. Alle Werte, die nur innerhalb der Schleife genutzt werden sollen, können in jedem Iterationsschritt überschrieben werden.

Schließlich können die Ergebnisse ausgegeben werden. Für die weitere Analyse ist vielleicht nur p_1 relevant. Dennoch schadet es nicht, die Reynoldszahl auszugeben, um die Annahme laminarer Strömung zu prüfen. Zudem ist ein Blick auf die Druckverluste sinnvoll. Für den konkreten Anwendungsfall sind die Druckverluste in den Rohrleitungen gegenüber den Druckverlusten in den Ventilen vernachlässigbar.

Aufgrund der eingeschränkten Möglichkeiten zur grafischen Darstellung in SMath Studio bietet sich für die grafische Darstellung die Verwendung eines externen Tools an; es kann z. B. gnuplot genutzt werden. Dazu müssen die Berechnungsergebnisse exportiert werden. Hier erfolgt dies mit dem Befehl `exportData`$_{\text{CSV}}$ aus dem Plugin `Data Exchange`.

$$Re_2 = \begin{bmatrix} 230,66 \\ 461,32 \\ 691,98 \\ 922,64 \\ 1153,3 \\ 1383,96 \\ 1614,62 \\ 1845,27 \end{bmatrix} \qquad \Delta p_{R2} = \begin{bmatrix} 0,02 \\ 0,03 \\ 0,05 \\ 0,07 \\ 0,08 \\ 0,1 \\ 0,12 \\ 0,14 \end{bmatrix} \text{bar} \qquad \Delta p_{W1H} = \begin{bmatrix} 0,06 \\ 0,25 \\ 0,56 \\ 1 \\ 1,56 \\ 2,25 \\ 3,06 \\ 4 \end{bmatrix} \text{bar}$$

$$Re_3 = \begin{bmatrix} 110,72 \\ 221,43 \\ 332,15 \\ 442,87 \\ 553,58 \\ 664,3 \\ 775,02 \\ 885,73 \end{bmatrix} \quad \Delta p_{R3} = \begin{bmatrix} 0,01 \\ 0,02 \\ 0,02 \\ 0,03 \\ 0,04 \\ 0,05 \\ 0,06 \\ 0,07 \end{bmatrix} \text{bar} \quad \Delta p_{W1R} = \begin{bmatrix} 0,01 \\ 0,06 \\ 0,13 \\ 0,23 \\ 0,36 \\ 0,52 \\ 0,71 \\ 0,92 \end{bmatrix} \text{bar} \quad \Delta p_{W2} = \begin{bmatrix} 0,04 \\ 0,18 \\ 0,4 \\ 0,71 \\ 1,11 \\ 1,59 \\ 2,17 \\ 2,83 \end{bmatrix} \text{bar}$$

$$p_1 = \begin{bmatrix} 43,6 \\ 43,92 \\ 44,43 \\ 45,14 \\ 46,05 \\ 47,16 \\ 48,46 \\ 49,96 \end{bmatrix} \text{bar}$$

$$myExport := \text{augment}\left(\frac{Q_{eP}}{\text{L min}^{-1}} ; \frac{p_1}{\text{bar}} ; \frac{\Delta p_{R2}}{\text{bar}} ; \frac{\Delta p_{W1H}}{\text{bar}} ; \frac{\Delta p_{R3}}{\text{bar}} ; \frac{\Delta p_{W1R}}{\text{bar}} ; \frac{\Delta p_{W2}}{\text{bar}} \right)$$

$$exportData_{CSV}\left(myExport ; \texttt{"vorschub-ergebnis"} \right) = 1$$

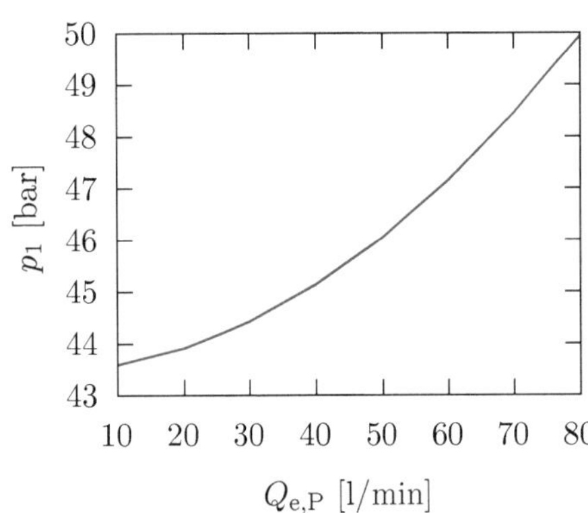

Die beiden Diagramme zeigen zum einen den Druck p_1 am Pumpenausgang als Funktion des Förderstroms $Q_{e,P}$ und den Anteil der Wegeventile am Druckverlust. Die Druckverluste in den Rohren sind, wie bereits erwähnt, gegenüber den Druckverlusten in den Wegeventilen vernachlässigbar.

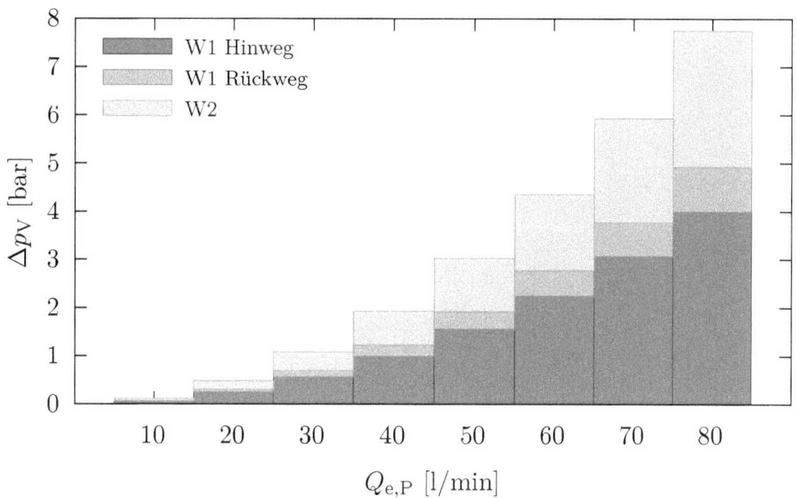

Ein Minimalskript zur Darstellung von p_1 über $Q_{\mathrm{e,P}}$ in gnuplot lautet wie folgt.

```
set nokey
set xlabel 'Volumenstrom [l/min]'
set ylabel 'Druck am Pumpenausgang [bar]'
plot "vorschub-ergebnis.txt" using 1:2 with lines ls 1
```

Wenn das Diagramm in Verbindung mit LaTeXgenutzt werden soll, bietet sich das Terminal Cairolatex an.

```
set terminal cairolatex pdf
set output "vorschub-ergebnis.tex"
set nokey
set xlabel '$Q_\mathrm{eP}$ [l/min]'
set ylabel '$p_1$ [bar]'
plot "vorschub-ergebnis.txt" using 1:2 with lines ls 1
```

Die Erstellung des zweiten Diagramms zu den Druckverlusten gelingt wie folgt.

```
set style fill solid 0.5
set style histogram rowstacked
set style data histograms
set key top left reverse Left

set xlabel "Volumenstrom der Pumpe [l/min]"
set ylabel "Druckverlust [bar]"
plot "vorschub-ergebnisse.txt" u 4:xtic(1) t "W1H", "" u 6 t "W1R",\
    "" u 7 t "W2"
```

8.2 Plungerzylinder mit Konstantpumpe

Lerninhalte

Komponenten, Systeme Volumetrischer Wirkungsgrad einer Konstantpumpe in Abhängigkeit vom Druck, Druckverlust am Wegeventil, hydraulisch-mechanischer Wirkungsgrad beim Zylinder

Programmieren Programmieren von Schleifen und Lösen einer nichtlinearen Gleichung mit dem Befehl `roots` in SMath Studio

Aufgabenstellung

Für das abgebildete hydraulische System ist für verschiedene Werte der Kolbenstangenkraft F_{ST} die Ausfahrgeschwindigkeit v_{K} zu berechnen. Dazu muss man sich bewusst machen, dass mit zunehmender Kolbenstangenkraft die Druckdifferenz an der Pumpe zunimmt und somit der effektive Förderstrom abnimmt. Da zusätzlich ein Wegeventil verbaut ist, dessen Druckverlust vom Volumenstrom abhängt, müssen die tatsächliche Druckdifferenz an der Pumpe und der Förderstrom iterativ bestimmt werden.

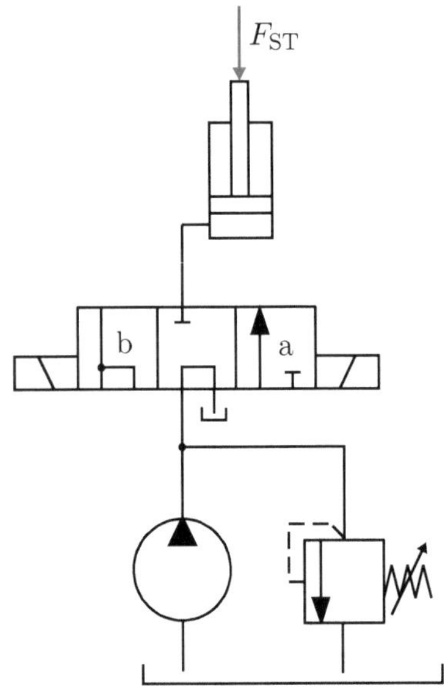

Die Pumpe dreht mit konstanter Drehzahl von $950\ \mathrm{min}^{-1}$. Der Druck am Pumpeneintritt sei der Umgebungsdruck. Der effektive Volumenstrom der Pumpe Q_{eP} ist als Funktion der Druckerhöhung gegeben, also $Q_{\mathrm{eP}} = \mathcal{Q}(p)$ (Formel siehe SMath Studio-Berechnung).

Für das Wegeventil ist für die Schaltstellung a der Druckverlust als Funktion des Volumenstroms über eine quadratische Kennlinie gegeben, also $\Delta p_{\mathrm{VW}} = \mathcal{P}(Q)$. Bei $12\,\mathrm{l/min}$ beträgt der Druckverlust $1\ \mathrm{bar}$.

Für die Kolbenstangenkraft zwischen $1\ \mathrm{kN}$ und $50\ \mathrm{kN}$ sind die folgenden Größen zu berechnen: Druck im Kolbenraum, effektiver Förderstrom der Pumpe, Ausfahrgeschwindigkeit des Kolbens, theoretische hydraulische Leistung der Pumpe und Nutzleistung an der Kolbenstange.

Lösung mit SMath Studio

Für jeden Wert der Kolbenstangenkraft F_{ST} kann direkt der Druck p_{K} im Kolbenraum über

$$p_{\mathrm{K}} = \frac{F_{\mathrm{ST}}}{A_{\mathrm{K}}\,\eta_{\mathrm{hmZ}}} \tag{8.1}$$

berechnet werden. Da der volumetrische Wirkungsgrad der Pumpe vom Druck abhängt, variiert der effektive Volumenstrom Q_{eP} der Pumpe in Abhängigkeit von der Kolbenstangenkraft. Das hat zur Folge, dass auch der Druckverlust Δp_{VW} am Wegeventil von der Kolbenstangenkraft abhängt. Für die Lösung der gestellten Aufgabe muss somit für jede Kolbenstangenkraft iterativ der korrekte Wert Q_{eP} des effektiven Volumenstroms berechnet werden. Im vorliegenden Fall gelingt das einfach über die numerische Lösung der nichtlinearen Gleichung

$$\Phi(Q_{eP}, p_K) = Q\left(p_K + \mathcal{P}(Q_{eP})\right) - Q_{eP} = 0 \tag{8.2}$$

nach der Unbekannten Q_{eP} mittels **roots**-Befehl.

Arbeitsauftrag: Machen Sie sich die Richtigkeit der Gleichung (8.2) klar.

In der Praxis können sowohl die Kennlinie des Wegeventils als auch der Pumpe durch diskrete Punkte gegeben sein. Dann muss für das iterative Lösen einer Interpolation der Kennlinien erfolgen.

Pumpe

$$V_i := 24,6 \text{ cm}^3$$

$$Q_i := V_i \cdot 950 \text{ min}^{-1} = 23,37 \,\frac{\text{L}}{\text{min}}$$

$$Q_{eP}(p) := 22,5 - 0,008696 \cdot \left(\frac{p}{\text{bar}} - 20\right)$$

Zylinder

$$\eta_{hmZ} := 0,9$$

$$d := 55 \text{ mm}$$

$$A_K := \frac{\pi}{4} \cdot d^2 = 23,76 \text{ cm}^2$$

Wegeventil

$$Q_{NW} := 12 \,\frac{\text{L}}{\text{min}}$$

$$\Delta p_{VW}(Q) := \left(\frac{Q}{Q_{NW}}\right)^2 \cdot 1 \text{ bar}$$

Berechnung von Volumenstrom und Ausfahrgeschwindigkeit

$$F_{ST} := \begin{bmatrix} 1 & 5 & 10 & 20 & 30 & 50 \end{bmatrix}^T \text{ kN} \qquad N := \texttt{length}\left(F_{ST}\right) = 6$$

$$\Phi(Q; p_2) := Q_{eP}\left[p_2 + \Delta p_{VW}\left(Q \,\frac{\text{L}}{\text{min}}\right)\right] - Q$$

$$\text{for } j \in [1..N]$$

$$\left|\; p_{K_j} := \frac{F_{ST_j}}{A_K \cdot \eta_{hmZ}} \right.$$

$$\left|\; Q_{e_j} := \text{roots}\left(\Phi\left(Q;p_{K_j}\right); Q; Q_{eP}\left(p_{K_j}\right)\right)\frac{\text{L}}{\min}\right.$$

$$\left|\; v_{K_j} := \frac{Q_{e_j}}{A_K}\right.$$

$$\left|\; \Delta p_{P_j} := p_{K_j} + \Delta p_{VW}\left(Q_{e_j}\right)\right.$$

$$p_K = \begin{bmatrix} 4,68 \\ 23,38 \\ 46,77 \\ 93,53 \\ 140,3 \\ 233,84 \end{bmatrix}\text{bar} \quad Q_e = \begin{bmatrix} 22,6 \\ 22,44 \\ 22,24 \\ 21,83 \\ 21,43 \\ 20,61 \end{bmatrix}\frac{\text{L}}{\min} \quad v_K = \begin{bmatrix} 15,86 \\ 15,74 \\ 15,6 \\ 15,32 \\ 15,03 \\ 14,46 \end{bmatrix}\frac{\text{cm}}{\text{s}} \quad \Delta p_P = \begin{bmatrix} 8,22 \\ 26,88 \\ 50,2 \\ 96,84 \\ 143,49 \\ 236,79 \end{bmatrix}\text{bar}$$

Theoretische hydraulische Leistung

$$P_i := Q_i \cdot \Delta p_P = \begin{bmatrix} 0,32 \\ 1,05 \\ 1,96 \\ 3,77 \\ 5,59 \\ 9,22 \end{bmatrix}\text{kW}$$

Nutzleistung an der Kolbenstange

$$\text{for } j \in [1..N]$$

$$P_{N_j} := F_{ST_j} \cdot v_{K_j}$$

$$P_N = \begin{bmatrix} 0,16 \\ 0,79 \\ 1,56 \\ 3,06 \\ 4,51 \\ 7,23 \end{bmatrix}\text{kW}$$

Für eine Berechnung der mechanischen Leistung an der Pumpe und des Gesamtwirkungsgrads der Anlage müsste zusätzlich noch der hydraulisch-mechanische Wirkungsgrad der Pumpe (in Abhängigkeit vom Druck) bekannt sein.

8.3 Interpolation für automatisierte Berechnungen

Für die Erstellung von Berechnungstools müssen die in Handbüchern gegebenen Diagramme oder Wertetabellen digitalisiert werden. Beides führt auf die Notwendigkeit zur Interpolation gegebener Wertetabellen. Nur so gelingen automatische Berechnungsroutinen, bei denen der Anwender nicht im Berechnungsablauf in Tabellen oder Diagrammen nachschauen muss. Wie die Interpolation in SMath Studio und Python erfolgen kann, ist Gegenstand dieser Aufgabe.

Lerninhalte

Komponenten, Systeme Druckverlust an Wegeventilen

Programmieren Programmieren von Schleifen, Interpolation in SMath Studio und Python

Aufgabenstellung

Erstellen Sie in SMath Studio und in Python Programme zur Interpolation der Kennlinie eines 4/3-Wegeventils. Für die verschiedenen Durchflusswege sind die Kennlinien durch jeweils fünf Wertepaare gegeben[1].

Lösung mit SMath Studio

In SMath Studio wird der Befehl `cspline` für die Interpolation mit einem cubic spline verwendet. In der derzeitigen Version funktioniert der Befehl nur mit dimensionslosen Größen, so dass durch die Einheiten entsprechend vorab zu dividieren ist. Es ist dennoch ratsam, die Einheiten in der hier gezeigten Form mitzunehmen.
Das Diagramm zeigt die gegebenen Werte (Punkte) und die interpolierte Kurve, die exakt durch alle Wertepaare geht und kubisch interpoliert. Zum Vergleich wird zusätzlich die quadratische Kennlinie, die durch den dritten Datenpunkt geht, gezeigt. Es ist deutlich erkennbar, dass die quadratische Kennlinie von der durch die Werte gegebenen Kennlinie abweicht. Für überschlägige Rechnungen oder wenn der Volumenstrom nur wenig um den gegebenen Arbeitspunkt schwankt, ist die quadratische Approximation ausreichend.

---

[1]Die Daten entstammen der Abbildung 6.15 aus dem Buch von Bauer [1].

Interpolation: Druckverlust vs. Volumenstrom

$$\Delta p_{V1} := \begin{bmatrix} 0 \\ 0,3 \\ 1,2 \\ 3,5 \\ 4,8 \end{bmatrix} \text{bar} \qquad Q_1 := \begin{bmatrix} 0 \\ 6,25 \\ 12 \\ 20 \\ 23 \end{bmatrix} \frac{\text{L}}{\text{min}}$$

$$Q_{1int} := [1..23]\,\frac{\text{L}}{\text{min}} \qquad N := \text{length}\left(Q_{1int}\right) = 23$$

$$\text{for } j \in [1..N]$$

$$\Delta p_{V1int_j} := \text{eval}\left(\text{cinterp}\left(Q_1\,\frac{\text{min}}{\text{L}};\ \Delta p_{V1}\cdot\frac{1}{\text{bar}};\ Q_{1int_j}\,\frac{\text{min}}{\text{L}}\right)\right)\cdot 1\ \text{bar}$$

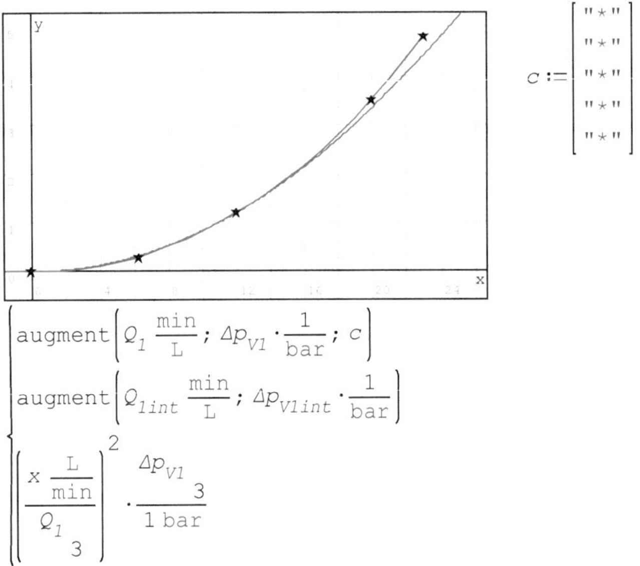

$$c := \begin{bmatrix} "\star" \\ "\star" \\ "\star" \\ "\star" \\ "\star" \end{bmatrix}$$

$$\begin{cases} \text{augment}\left(Q_1\,\dfrac{\text{min}}{\text{L}};\ \Delta p_{V1}\cdot\dfrac{1}{\text{bar}};\ c\right) \\[2ex] \text{augment}\left(Q_{1int}\,\dfrac{\text{min}}{\text{L}};\ \Delta p_{V1int}\cdot\dfrac{1}{\text{bar}}\right) \\[2ex] \left(\dfrac{x\,\frac{\text{L}}{\text{min}}}{Q_{1_3}}\right)^2 \cdot \dfrac{\Delta p_{V1_3}}{1\ \text{bar}} \end{cases}$$

Lösung mit Python

Für meine Berechnungstools verwende ich typischerweise die folgenden Bibliotheken.

```python
from math import pi, log10
import pandas as pd
import matplotlib.pyplot as plt
import numpy as np
from scipy.interpolate import interp1d
from scipy.linalg import solve
```

```
import pint
ureg = pint.UnitRegistry()
```

Die Bibliothek **pandas** dient der Nutzung von Dataframes, die ich häufig für die Speicherung von Berechungsparametern nutze. Die Bibliothek **pint** enthält die notwendigen Befehle für die Berechnung mit Einheiten.

Die folgende Funktion berechnet für einen gegebenen Durchflussweg und Volumenstrom den Druckverlust im 4/3-Wegeventil. Durchflussweg 2 ist der in der SMath Studio-Lösung verwendete Durchflussweg[2].

```
def druckverlust_w43(Q,weg):
    Q_tab = [0.0,6.25,12.0,20.0,23.0]
    if (weg == 1):
        DpV_tab = [0.0, 0.5, 2.0, 6.0, 8.0]
    elif (weg == 2):
        DpV_tab = [0.0, 0.3, 1.2, 3.5, 4.8]
    else:
        DpV_tab = [0.0, 0.25, 1.0, 3.0, 4.0]
    F43 = interp1d(Q_tab,DpV_tab,kind='cubic')
    return F43(Q)
```

Der Aufruf der Funktion im Rahmen der Berechnung lautet exemplarisch für den Volumenstrom **Q1** und durch Durchflussweg 3

```
Q1.ito(ureg.liter/ureg.minute)
druckverlust_w43(Q1,3)*ureg.bar
```

Wichtig: Es muss sichergestellt werden, dass **Q1** in der richtigen Einheit vorliegt. Dazu dient die „erzwungene" Umrechung mit **Q1.ito(ureg.liter/ureg.minute)**.

---

[2]Wenn man die Interpolation häufig aufruft, lohnt sich eine Optimierung der unten stehenden Funktion, so dass die Berechnung der Parameter für die Interpolationsfunktion nur einmalig berechnet werden und nicht bei jedem Funktionsaufruf.

9 Drucklufterzeugung

Die bisherigen Aufgaben hatten fast ausschließlich hydraulische Systeme zum Gegenstand. Im letzten Kapitel werden ausgewählte Aufgaben zum Thema Pneumatik behandelt.

9.1 Theoriefragen

- In welchem Bereich (in bar) liegt typischerweise der Überdruck in pneumatischen Systemen?

- Nennen Sie vier verschiedene Verdichterbauarten. Nennen Sie jeweils zwei charakteristische Eigenschaften. Welche Verdichterbauart ist für hohe Drücke besonders geeignet? Warum hat ein Kolbenverdichter typischerweise einen höheren Wirkungsgrad als ein Schraubenverdichter?

- Wie ändert sich die Temperatur beim Verdichten? Warum wird bei zweistufigen Kolbenverdichtern eine Zwischenkühlung vorgesehen?

- Welche Formeln werden für die Berechnung von Zuständsänderungen eines idealen Gases benötigt? Wie berechnen sich die Volumenänderungsarbeit im geschlossenen System und die technische Leistung im stationären Fließprozess?

- Was besagt das Gesetz von Dalton? Wie sind absolute und relative Feuchte definiert? Wie ist der Wassergehalt definiert? Was meint man mit dem Begriff Sättigung?

9.2 Klausur: Drucklufterzeugung

Lerninhalte

Grundlagen Thermische Zustandsgleichung und Zustandsänderungen idealer Gase, Volumenänderungsarbeit und technische Leistung im Fließprozess

Programmieren Arbeiten mit Mathcad (z. B. Verwenden von Einheiten)

Aufgabenstellung

(a) Das abgebildete Diagramm zeigt eine polytrope Zustandsänderung von Luft zwischen den zwei Zuständen 1 und 2.

Wie groß ist die Temperatur der Luft im Zustand 1? Wie groß ist die Temperatur der Luft im Zustand 2? Wie groß ist für die abgebildete Zustandsänderung der Polytropenexponent n?

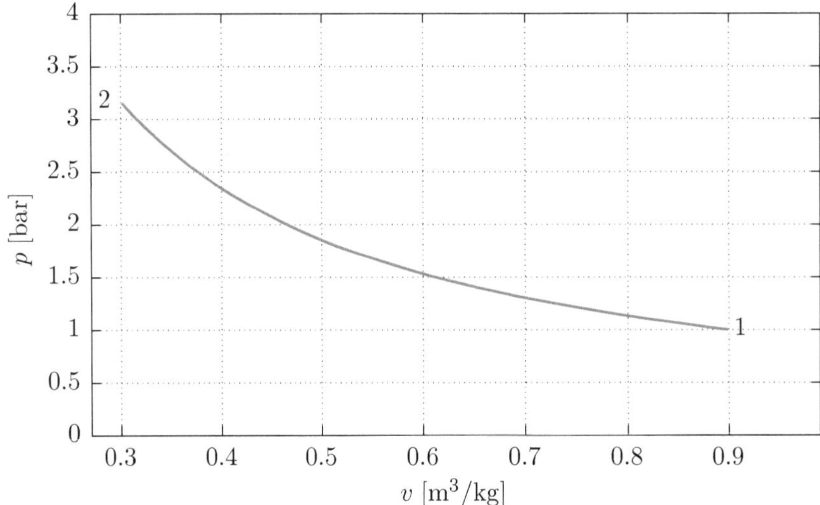

(b) In einem Verdichter wird Luft vom Zustand 1 (p_1, ρ_1) auf einen Druck p_2 verdichtet. In guter Näherung kann mit einer polytropen Zustandsänderung mit Polytropenexponent n gerechnet werden. Folgende Zahlenwerte liegen Ihnen vor: $p_1 = 1{,}0$ bar, $p_2 = 5{,}0$ bar, $n = 1{,}20$ und $\rho_1 = 1{,}15$ kg/m^3.

Wie groß ist die Dichte ρ_2 im Zustand 2? Wie groß ist die spezifische Volumenänderungsarbeit bei der Verdichtung von 1 nach 2? Welche technische Leistung ist bei einem Massestrom von $\dot{m} = 0{,}010$ kg/s aufzubringen, wenn die Zustände 1 und 2 als Eintritts- und Austrittszustände eines stationären Fließprozesses angenommen werden?

Lösung mit Mathcad

$$R_L := 287 \ \frac{J}{kg \cdot K}$$

(a) Temperaturen in Zuständen 1 und 2 sowie Polytropenexponent

$$p_2 := 3.15 \ bar \qquad p_1 := 1.0 \ bar \qquad v_2 := 0.3 \ \frac{m^3}{kg} \qquad v_1 := 0.9 \ \frac{m^3}{kg}$$

$$T_1 := \frac{p_1 \cdot v_1}{R_L} = 314 \ K \qquad\qquad T_2 := \frac{p_2 \cdot v_2}{R_L} = 329 \ K$$

$$n := \ln\left(\frac{p_1}{p_2}\right) \cdot \left(\ln\left(\frac{v_2}{v_1}\right)\right)^{-1} = 1.04$$

(b) Dichte im Zustand 2, spezifische Volumenänderungsarbeit und technische Leistung

$$p_1 := 1 \ bar \qquad p_2 := 5 \ bar \qquad n := 1.2 \qquad \rho_1 := 1.15 \ \frac{kg}{m^3} \qquad M := 0.01 \ \frac{kg}{s}$$

$$\rho_2 := \left(\frac{p_2}{p_1}\right)^{\frac{1}{n}} \cdot \rho_1 = 4.397 \ \frac{kg}{m^3}$$

$$w_{v12} := \frac{1}{n-1} \cdot \left(\frac{p_2}{\rho_2} - \frac{p_1}{\rho_1}\right) = \left(1.34 \cdot 10^5\right) \ \frac{J}{kg}$$

$$P_{t12} := n \cdot w_{v12} \cdot M = 1.61 \ kW$$

9.3 Klausur: Drucklufterzeugung

Lerninhalte

Grundlagen Thermische Zustandsgleichung und Zustandsänderungen idealer Gase, Volumenänderungsarbeit und technische Leistung im Fließprozess, feuchte Luft

Programmieren Arbeiten mit Mathcad (z. B. Verwenden von Einheiten)

Aufgabenstellung

Die Aufgabenteile können unabhängig voneinander bearbeitet werden.

(a) Trockene Luft wird vom Zustand T_1, p_1 auf den Druck p_2 komprimiert (polytrope Zustandsänderung). Es gilt $T_1 = 300{,}0$ K, $p_1 = 1{,}0$ bar, $p_2 = 8{,}0$ bar, $n = 1{,}30$ und $\dot{m}_1 = 0{,}20$ kg/s.

Wie groß ist die Temperatur T_2 im Zustand 2? Wie groß ist die Dichte ϱ_2 im Zustand 2? Welche technische Leistung wird benötigt, wenn die zwei Zustände 1 und 2 als Zustände eines stationären Fließprozesses mit Massestrom $\dot{m}_1$ aufgefasst werden?

(b) Feuchte Luft (Massestrom $\dot{m}$) wird verdichtet und anschließend gekühlt. Am Austritt des Kühlers fällt ein Massestrom $\dot{m}_{flW3}$ flüssigen Wassers an. Druck und Temperatur seien p_3 bzw. T_3. Es gilt $p_3 = 9{,}5$ bar, $T_3 = 293{,}0$ K, $\dot{m} = 30{,}00$ kg/h und $\dot{m}_{flW3} = 0{,}2400$ kg/h.

Wie groß ist die relative Feuchte φ_3? Wie groß ist der Massestrom trockener Luft am Kühleraustritt?

Lösung mit Mathcad

(a) Trockene Luft: Temperatur, Dichte im Zustand 2, Leistung im stationären Fließprozess

$$T_1 := 300\ K \qquad p_1 := 1\ bar \qquad p_2 := 8\ bar \qquad \text{polytrope Zustandsänderung}$$

$$n := 1.3 \qquad R_L := 287\ \frac{J}{kg \cdot K} \qquad M := 0.2\ \frac{kg}{s}$$

$$T_2 := \left(\frac{p_2}{p_1}\right)^{\frac{n-1}{n}} \cdot T_1 = 484.76\ K \qquad \rho_2 := \frac{p_2}{R_L \cdot T_2} = 5.75\ \frac{kg}{m^3}$$

$$\rho_1 := \frac{p_1}{R_L \cdot T_1} = 1.161\ \frac{kg}{m^3} \qquad \frac{p_1}{\rho_1^{\,n}} \cdot \frac{\rho_2^{\,n}}{p_2} = 1 \qquad Q_1 := \frac{M}{\rho_1} = 10.332\ \frac{m^3}{min}$$

$$P := M \cdot \frac{n}{n-1} \cdot \left(\frac{p_2}{\rho_2} - \frac{p_1}{\rho_1}\right) = 46\ kW$$

(b) Feuchte Luft: Am Kühleraustritt wird ein Massestrom flüssigen Wassers abgeschieden, d. h. der Massestrom am Kühleraustritt besteht aus 3 Anteilen: dem Massestrom trockener Luft, dem Massestrom an gasförmigem Wasser (Wasserdampf) und dem Massestrom flüssigen Wassers.

Gesucht: Relative Luftfeuchte, Wasserdampfgehalt, Massestrom trockener Luft und Massestrom gasförmigen Wassers

$$p_3 := 9.5\ bar \qquad T_3 := 293.0\ K \qquad M_3 := 30\ \frac{kg}{hr} \qquad M_{flW3} := 0.240\ \frac{kg}{hr}$$

$$\phi_3 := 1 \qquad \text{Da flüssiges Wasser abgeschieden wird, muss die relative Luftfeuchte 100\% sein.}$$

$$p_{WS3} := 0.00611657\ bar\ \exp\left(17.2799 - \frac{4102.99}{\dfrac{T_3}{K} - 273.15 + 237.431}\right) = 0.02318\ bar$$

$$X_{S3} := 0.622 \cdot \frac{\phi_3}{\dfrac{p_3}{p_{WS3}} - \phi_3} = 1.522 \cdot 10^{-3} \qquad M_{L3} := \frac{M_3 - M_{flW3}}{1 + X_{S3}} = 29.71 \, \frac{kg}{hr}$$

$$M_{W3} := X_{S3} \cdot M_{L3} = 0.045 \, \frac{kg}{hr} \qquad\qquad M_{W3} + M_{flW3} = 0.29 \, \frac{kg}{hr}$$

9.4 Klausur: Druckluftversorgung einer pneumatischen Anlage

Lerninhalte

Grundlagen Thermische Zustandsgleichung idealer Gase, Druckverlust in Rohrleitungen (Reynoldszahl, laminar vs. turbulent)

Programmieren Arbeiten mit Mathcad (z. B. Verwenden von Einheiten)

Aufgabenstellung

Zur Versorgung einer pneumatischen Fertigungseinheit wird Druckluft durch einen Verdichter erzeugt und durch ein Rohrleitungssystem in der Werkhalle verteilt.

Der Verdichter saugt die Luft bei einer Temperatur T_1 und beim Absolutdruck $p_1 = 1\,\mathrm{bar}$ an. Der Enddruck (absolut) des Verdichters ist p_2. Zwischen Verdichter und Versorgungsleitung ist ein Kühler angeordnet. Aus dem Kühler strömt die Druckluft (Volumenstrom Q_3) mit einer Temperatur T_3 in die Versorgungsleitung der pneumatischen Fertigungseinheit. Der Druckverlust im Kühler soll vernachlässigt werden.

Die Versorgungsleitung hat den Durchmesser d. Der Wasserdampfgehalt der Luft soll für eine erste Berechnung vernachlässigt werden.

Es gelten die folgenden Zahlenwerte: $T_1 = 293$ K, $p_2 = 7{,}5$ bar, $T_3 = 298$ K, $Q_3 = 55{,}0\ \mathrm{m^3/h}$, $d = 50{,}0$ mm, $l_\mathrm{R} = 180{,}0$ m und $\lambda_\mathrm{R} = 0{,}016$.

(a) Wie groß ist die Liefermenge Q_1 des Verdichters? Wie groß ist die Dichte ϱ_3 der Druckluft beim Eintritt in die Versorgungsleitung?

(b) Jetzt betrachten wir die Versorgungsleitung. Wie groß ist die Reynoldszahl für die Rohrströmung? Erläutern Sie kurz, ob laminare oder turbulente Strömung vorliegt.

Die Rohrreibungszahl λ_R sei gegeben. Wie groß ist der Druckverlust in der geraden Rohrleitung der Länge l_R, wenn keine Einbauten zu berücksichtigen sind?

Lösung mit Mathcad

$$T_1 := 293\ K \qquad p_1 := 1\ bar \qquad p_2 := 7.5\ bar \qquad T_3 := 298\ K \qquad Q_3 := 55\ \frac{m^3}{hr}$$

$$p_3 := p_2 \qquad Q_1 := \frac{T_1}{T_3} \cdot \frac{p_3}{p_1} \cdot Q_3 = 6.76\ \frac{m^3}{min}$$

$$R_L := 287\ \frac{J}{kg \cdot K} \qquad \rho_3 := \frac{p_3}{R_L \cdot T_3} = 8.77\ \frac{kg}{m^3}$$

Für die Berechnung der Reynoldszahl werden die Strömungsgeschwindigkeit und die kinematische Viskosität benötigt. Die kinematische Viskosität wiederum ergibt sich aus der dynamischen Viskosität und der Dichte. Für die dynamische Viskosität wird die Näherungsgleichung von Sutherland benutzt.

$$\eta_3 := 1.4747 \cdot 10^{-6}\ \frac{Pa \cdot s}{\sqrt{K}} \cdot \frac{T_3^{\,1.5}}{T_3 + 113\ K} = \left(1.846 \cdot 10^{-5}\right)\ \frac{kg}{m \cdot s}$$

$$\nu_3 := \frac{\eta_3}{\rho_3} = 2.105\ \frac{mm^2}{s}$$

$$d := 50\ mm \qquad v_3 := \frac{4 \cdot Q_3}{\pi \cdot d^2} = 7.781\ \frac{m}{s} \qquad Re_3 := v_3 \cdot \frac{d}{\nu_3} = 184832$$

Die Reynoldszahl liegt weit oberhalb von 2300. Daher liegt (sicher) turbulente Strömung vor.

$$\lambda_R := 0.016 \qquad l_R := 180\ m \qquad \Delta p_V := \lambda_R \cdot \frac{l_R}{d} \cdot \frac{\rho_3}{2} \cdot v_3^{\,2} = 15.3\ kPa$$

9.5 Klausur: Druckluftversorgung einer pneumatischen Anlage

Lerninhalte

Grundlagen Thermische Zustandsgleichung idealer Gase, Druckverlust in Rohrleitungen (Reynoldszahl, laminar vs. turbulent, Colebrook-Gleichung)

Programmieren Arbeiten mit Mathcad (z. B. Verwenden von Einheiten)

Aufgabenstellung

Zur Versorgung einer pneumatischen Fertigungseinheit wird Druckluft durch einen Verdichter erzeugt und durch ein Rohrleitungssystem in der Werkhalle verteilt. Der Verdichter saugt die Luft bei einer Temperatur T_1 und beim Absolutdruck $p_1 = 1$ bar an. Der Enddruck (absolut) des Verdichters ist p_2. Zwischen Verdichter und Versorgungsleitung ist ein Kühler angeordnet. Aus dem Kühler strömt die Druckluft (Volumenstrom Q_3) mit einer Temperatur T_3 in die Versorgungsleitung der pneumatischen

Fertigungseinheit. Der Druckverlust im Kühler und der Wasserdampfgehalt der Luft sollen für eine erste Berechnung vernachlässigt werden.

Es gelten die folgenden Zahlenwerte: $T_1 = 293\,\text{K}$, $T_3 - 300\,\text{K}$, $p_1 = 1{,}0\,\text{bar}$, $p_2 = 6{,}0\,\text{bar}$ und $Q_3 = 85\,\text{m}^3/\text{h}$.

(a) Wie groß ist die Liefermenge Q_1 des Verdichters? Wie groß ist die Dichte ϱ_3 der Druckluft beim Eintritt in die Versorgungsleitung? Wie groß ist die dynamische Viskosität beim Eintritt in die Versorgungsleitung? Wie groß ist die kinematische Viskosität ν_3 der Druckluft beim Eintritt in die Versorgungsleitung?

(b) Jetzt betrachten wir die Versorgungsleitung. Die Versorgungsleitung hat den Durchmesser $d = 60\,\text{mm}$. Wie groß ist die Reynoldszahl für die Rohrströmung?

Re	λ_{R}
$1{,}9 \cdot 10^3$	$0{,}0563$
$9{,}5 \cdot 10^3$	$0{,}0416$
$19{,}0 \cdot 10^3$	$0{,}0389$
$95{,}0 \cdot 10^3$	$0{,}0363$
$190{,}0 \cdot 10^3$	$0{,}0360$
$285{,}0 \cdot 10^3$	$0{,}0359$
$380{,}0 \cdot 10^3$	$0{,}0358$
$475{,}0 \cdot 10^3$	$0{,}0358$

Die Tabelle zeigt für $k/d = 0{,}0083$ die Rohreibungszahl als Funktion der Reynoldszahl.

Wie groß ist der Druckverlust in der geraden Rohrleitung (Länge $l_{\text{R}} = 300\,\text{m}$, $k/d = 0{,}0083$), wenn keine Einbauten zu berücksichtigen sind? Nutzen Sie die oben stehende Tabelle.

Wie groß ist der Druckverlust in der geraden Rohrleitung für den doppelten Durchmesser bei unverändertem Wert k/d?

Lösung mit Mathcad

$$T_1 := 293\ K \qquad p_1 := 1\ bar \qquad p_2 := 6.0\ bar \qquad T_3 := 300\ K \qquad Q_3 := 85\ \frac{m^3}{hr}$$

$$p_3 := p_2 \qquad Q_1 := \frac{T_1}{T_3} \cdot \frac{p_3}{p_1} \cdot Q_3 = 8.3\ \frac{m^3}{min}$$

$$R_L := 287\ \frac{J}{kg \cdot K} \qquad \rho_3 := \frac{p_3}{R_L \cdot T_3} = 6.97\ \frac{kg}{m^3}$$

Für die Berechnung der Reynoldszahl werden die Strömungsgeschwindigkeit und die kinematische Viskosität benötigt. Die kinematische Viskosität wiederum ergibt sich aus der dynamischen Viskosität und der Dichte. Für die dynamische Viskosität wird die Näherungsgleichung von Sutherland benutzt.

$$\eta_3 := 1.4747 \cdot 10^{-6}\, \frac{Pa \cdot s}{\sqrt{K}} \cdot \frac{T_3^{1.5}}{T_3 + 113\ K} = \left(1.855 \cdot 10^{-5}\right)\, Pa \cdot s$$

$$\nu_3 := \frac{\eta_3}{\rho_3} = 2.662\, \frac{mm^2}{s}$$

$$d := 60\ mm \qquad v_3 := \frac{4 \cdot Q_3}{\pi \cdot d^2} = 8.351\, \frac{m}{s} \qquad Re_3 := v_3 \cdot \frac{d}{\nu_3} = 188186$$

Die Reynoldszahl liegt weit oberhalb von 2300. Daher liegt (sicher) turbulente Strömung vor.

$$k := 0.0083 \cdot d \qquad F\left(\lambda_R\right) := \frac{1}{\sqrt{\lambda_R}} + 2 \cdot \log\left(\frac{k}{3.71 \cdot d} + \frac{2.51}{Re_3 \cdot \sqrt{\lambda_R}}\right)$$

$$\lambda_R := \mathrm{root}\left(F\left(\lambda_R\right), \lambda_R, 0.02, 0.04\right) = 0.03596 \qquad\qquad F\left(\lambda_R\right) = -2.132 \cdot 10^{-5}$$

$$l_R := 300\ m \qquad \Delta p_V := \lambda_R \cdot \frac{l_R}{d} \cdot \frac{\rho_3}{2} \cdot v_3^2 = 43.7\ kPa$$

<u>Doppelter Durchmesser:</u> Durch die Änderung des Durchmessers ergibt sich eine andere Durchflussgeschwindigkeit und damit eine andere Reynoldszahl. Für den doppelten Rohrdurchmesser ergibt sich ein Druckverlust von 1,38 kPa. Dies kann ohne erneute Rechnung geschätzt werden, da der Quotient aus den Druckverlusten für d und $2d$ ca. $2^5 = 32$ beträgt (genau: 31,688).

Arbeitsauftrag: Lösen Sie die Colebrook-Gleichung numerisch für die vorliegende Aufgabe und überzeugen Sie sich von der Richtigkeit der gegebenen Tabelle.

9.6 Klausur: Feuchte Luft

Lerninhalte

Grundlagen Feuchte Luft: Wasserdampfgehalt, relative Luftfeuchte, Partialdrücke (Gesetz von Dalton),

Programmieren Arbeiten mit Mathcad (z. B. Verwenden von Einheiten)

Aufgabenstellung

Ein Verdichter komprimiert polytrop ($n = 1{,}30$) atmosphärische Luft mit der relativen Luftfeuchtigkeit φ_1, Temperatur $T_1 = 293\ \mathrm{K}$, Druck $p_1 = 1{,}0\ \mathrm{bar}$ auf den Druck p_2. Ein hinter dem Verdichter angeordneter Kühler kühlt die Luft auf die Temperatur $T_3 = 298\ \mathrm{K}$ ab. Kühlerdruckverluste können für eine erste Berechnung vernachlässigt werden. Der Volumenstrom am Verdichtereintritt beträgt $Q_1 = 3{,}50\ \mathrm{m^3/min}$. Rechnen Sie mit den Sättigungspartialdrücken des Wasserdampfes $p_{\mathrm{WS1}} \approx 0{,}023\ \mathrm{bar}$ im Zustand 1 und $p_{\mathrm{WS3}} \approx 0{,}031\ \mathrm{bar}$ im Zustand 3.

(a) Es gilt: $\varphi_1 = 0{,}70$, $p_2 = 7{,}0\,\text{bar}$. Wie groß ist der Wasserdampfgehalt X_1 im Zustand 1? Wie groß ist der Partialdruck p_{W1} des Wasserdampfes im Zustand 1? Wie groß ist der Partialdruck p_{L1} der trockenen Luft im Zustand 1?

(b) Das Diagramm zeigt den Massenstrom <u>flüssigen Wassers</u> am Kühleraustritt als Funktion von φ_1 für vier verschiedene Drücke p_2.

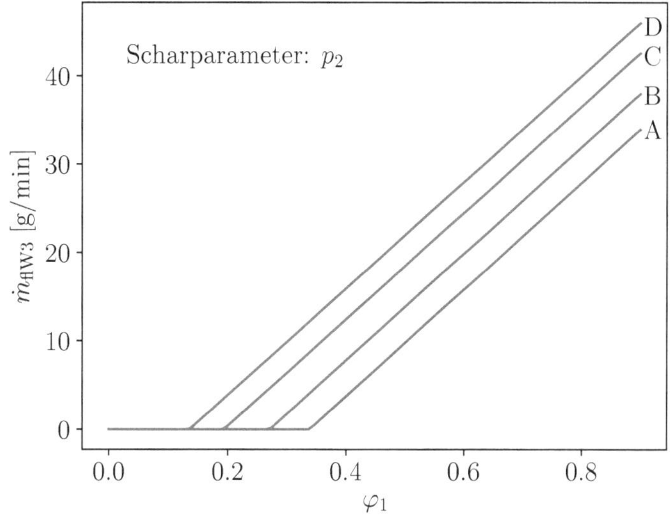

Welche Kurve gehört zum Druck $p_2 = 7{,}0\,\text{bar}$? Welche Kurve gehört zum größten der vier Drücke?

Lösung mit Mathcad

(a)

$$\phi_1 := 0.7 \qquad p_{WS1} := 0.0232\ bar \qquad p_{WS3} := 0.0313\ bar$$

$$p_1 := 1\ bar$$

$$X_1 := 0.622 \cdot \frac{\phi_1}{\dfrac{p_1}{p_{WS1}} - \phi_1} = 0.01027$$

$$p_{W1} := p_1 \cdot \frac{X_1}{0.622 + X_1} = 0.02\ bar$$

$$p_{L1} := p_1 - p_{W1} = 0.984\ bar$$

(b)

$$p_3 := 7 \ \boldsymbol{bar}$$

$$X_{3S} := 0.622 \cdot \frac{1}{\dfrac{p_3}{p_{WS3}} - 1} = 0.00279$$

$$\phi_{1max} := \frac{X_{3S}}{0.622 + X_{3S}} \cdot \frac{p_1}{p_{WS1}} = 19.3\%$$

Kurve C hat bei ca. 20% relativer Luftfeuchte den Knick und gehört somit zum Druck von 7 bar. Kurve D gehört zum größten Druck.

9.7 Klausur: Feuchte Luft

Lerninhalte

Grundlagen Feuchte Luft: Wasserdampfgehalt, relative Luftfeuchte, Partialdrücke (Gesetz von Dalton),

Programmieren Arbeiten mit Mathcad (z. B. Verwenden von Einheiten)

Aufgabenstellung

Atmosphärische Luft mit der relativen Luftfeuchtigkeit φ_1, der Temperatur T_1 und dem Druck p_1 wird in einem Verdichter auf den Druck p_2 verdichtet. Nehmen Sie an, dass die Verdichtung in guter Näherung <u>isotherm</u> erfolgt. Der vom Verdichter geförderte Massenstrom ist $\dot{m}_1$.

Folgende Zahlenwerte liegen Ihnen vor: $\varphi_1 = 0{,}70$, $T_1 = 293$ K, $p_1 = 1{,}0$ bar, $p_2 = 10{,}0$ bar und $\dot{m}_1 = 35{,}0$ kg/h.

(a) Wie groß ist die Temperatur am Verdichteraustritt?

(b) Wie groß ist der Wassergehalt X_1 der feuchten Luft im Ansaugzustand (Verdichtereintritt)? Rechnen Sie mit einem Sättigungspartialdruck des Wasserdampfes im Zustand 1 von 0,02318 bar. Wie groß ist der Massenstrom $\dot{m}_{L,1}$ der in der feuchten Luft enthaltenen <u>trockenen Luft</u> im Ansaugzustand?

(c) Wie groß ist der größtmögliche Wasserdampfgehalt $X_{S,2}$ am Verdichteraustritt?

(d) Berechnen Sie den Massenstrom <u>flüssigen</u> Wassers, der am Verdichteraustritt anfällt.

Lösung mit Mathcad

$$\phi_1 := 0.7 \qquad T_1 := 293\ K \qquad p_1 := 1\ bar \qquad p_2 := 10\ bar \qquad M_1 := 35\ \frac{kg}{hr}$$

(a) Temperatur am Verdichteraustritt bei isothermer Verdichtung

$$T_2 := T_1 = 293\ K$$

(b) Wassergehalt der feuchten Luft im Ansaugzustand und Massestrom der enthaltenen trockenen Luft

$$X_1 := 0.622 \cdot \frac{\phi_1}{\dfrac{p_1}{0.05581\ bar} - \phi_1} = 25.288 \cdot 10^{-3}$$

$$M_{L1} := \frac{M_1}{X_1 + 1} = 34.137\ \frac{kg}{hr}$$

Kontrollrechnung für Sättigungspartialdruck

$$0.00611657\ bar\ \exp\left(17.2799 - \frac{4102.99}{\dfrac{T_1}{K} - 273.15 + 237.431}\right) = 0.02318\ bar$$

(c) Größtmöglicher Wasserdampfgehalt am Verdichteraustritt (isotherme Verdichtung!)

$$X_{S2} := 0.622 \cdot \frac{1}{\dfrac{p_2}{0.05581\ bar} - 1} = 3.491 \cdot 10^{-3}$$

(d) Massenstrom flüssigen Wassers am Verdichteraustritt

$$M_{flW2} := M_1 - M_{L1} - X_{S2} \cdot M_{L1} - 0.744\ \frac{kg}{hr}$$

Literaturverzeichnis

[1] BAUER, G. : <u>Ölhdraulik</u>. 11., überarbeitete und erweiterte Auflage. Wiesbaden : Springer Vieweg, 2016

[2] GROLLIUS, H.-W. : <u>Grundlagen der Pneumatik</u>. 3., aktualisierte Auflage. München : Fachbuchverlag Leipzig im Carl Hanser Verlag, 2012

[3] GROLLIUS, H.-W. : <u>Grundlagen der Hydraulik</u>. 7., aktualisierte Auflage. München : Fachbuchverlag Leipzig im Carl Hanser Verlag, 2015